Mathématiques
et
Applications

Directeurs de la collection:
J. Garnier et V. Perrier

76

More information about this series at http://www.springer.com/series/2966

MATHÉMATIQUES & APPLICATIONS
Comité de Lecture 2012–2015/Editorial Board 2012–2015

Maïtine Bergounioux

Introduction au traitement mathématique des images - méthodes déterministes

 Springer

Maïtine Bergounioux
UFR Sciences
Université d' Orléans
Orléans Cedex
France

ISSN 1154-483X   ISSN 2198-3275   (electronic)
Mathématiques et Applications
ISBN 978-3-662-46538-7   ISBN 978-3-662-46539-4   (eBook)
DOI 10.1007/978-3-662-46539-4

Library of Congress Control Number: 2015932498

Mathematics Subject Classification (2010): 68U10, 94A08, 35A15

Springer Heidelberg New York Dordrecht London

Springer-Verlag France S.A.R.L. is part of Springer Science+Business Media
(www.springer.com)

Préface

Ce cours se veut une introduction au traitement d'image mathématique. Il est issu d'un enseignement donné depuis 2008 au sein du MASTER de Mathématiques d'Orléans. La plupart des méthodes présentées sont des méthodes de base qui sont à l'heure actuelle largement approfondies et améliorées par les chercheurs du champ. Cet ouvrage se veut donc une introduction à la discipline. Pour le lecteur qui souhaite en savoir davantage nous renvoyons à la bibliographie qui permet d'approfondir les différents sujets. Nous n'abordons également que les méthodes « déterministes » ce qui fait que cet ouvrage n'est que partiel dans la présentation des techniques. Les méthodes probabilistes et/ou statistiques sont en effet très utilisées en traitement d'image mais nous avons choisi de ne pas les mentionner faute de place et de compétences.

Une partie des informations, exemples, illustrations contenus dans ce livre a été récoltée au fil de mes investigations sur Internet. Je remercie tous les anonymes (et WIKIPEDIA) qui ont contribué de fait à enrichir cet ouvrage. L'hibiscus omniprésent dans ce livre a fleuri en avril 2010 à Byblos au Liban et la maisonnette du chapitre 5 est un exemple typique d'architecture du Lot.

Je voudrais, pour terminer, remercier très chaleureusement Gabriel Peyré, pour sa lecture attentive et ses nombreuses remarques et suggestions toujours pertinentes. Ce livre lui doit beaucoup.

Orléans, 10 janvier 2015

Maïtine Bergounioux

Table des matières

Liste des figures

Liste des tables

Chapitre 1
Introduction

Une image est une représentation visuelle voire mentale de quelque chose (objet, être vivant et/ou concept). Elle peut être naturelle (ombre, reflet) ou artificielle (peinture, photographie), visuelle ou non, tangible ou conceptuelle (métaphore), elle peut entretenir un rapport de ressemblance directe avec son modèle ou au contraire y être liée par un rapport plus symbolique. Les images mentales correspondent à des représentations de nature consciente ou inconsciente, résultant du phénomène subjectif de perception, selon une dimension individuelle ou collective. Les images « artificielles » peuvent être enregistrées à partir du réel : photographie, vidéo, radiographie, etc. ou fabriquées à partir d'une construction ou d'une restitution du réel : dessin, peinture, image de synthèse, etc. On peut distinguer plusieurs types d'images comme par exemple

- une peinture ou un dessin : c'est une image unique (non reproductible) mais visible par plusieurs personnes.
- une affiche ou une photographie, reproductible et également visible par plusieurs personnes.
- un film (cinéma ou vidéo) qui combine les propriétés précédentes en y ajoutant la notion de mouvement.
- une émission de télévision qui bénéficie en plus d'une transmission instantanée
- une image ou vidéo numérique accessible depuis Internet qui ajoute aux critères précédents l'interactivité.

Certaines images entretiennent un rapport analogique avec ce qu'elles représentent. C'est le cas d'un dessin ou d'une photographie qui ressemblent (par exemple visuellement) à leur sujet. Certaines représentations entretiennent un rapport direct avec leur objet, mais sans ressemblance physique, comme un organigramme d'entreprise ou le schéma d'un montage électronique. D'autres images forcent le trait de certaines caractéristiques : il peut s'agir de caricatures, de représentations arrangées (Imagerie d'Épinal).

© Springer-Verlag Berlin Heidelberg 2015
M. Bergounioux, *Introduction au traitement mathématique des images - méthodes déterministes,* Mathématiques et Applications 76,
DOI 10.1007/978-3-662-46539-4_1

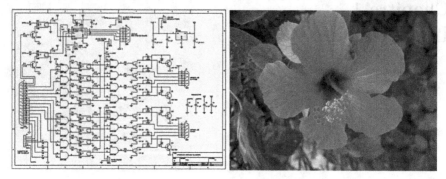

Fig. 1.1 Types de représentation d'une image

L'appellation « image numérique » désigne toute image (dessin, icône, photographie...) acquise, créée, traitée et stockée à l'aide de nombres, sous forme binaire :

– acquise par des convertisseurs analogique-numérique (voir section 1.2) situés dans des dispositifs comme les scanners, les appareils photo ou les camescopes numériques, les cartes d'acquisition vidéo (qui numérisent directement une source comme la télévision) ;
– créée directement par des programmes informatiques, grâce à une souris, des tablettes graphiques ou par de la modélisation 3D (ce que l'on appelle, par abus de langage, les « images de synthèse ») ;
– traitée grâce à des outils informatiques, de façon à la transformer, à en modifier la taille, les couleurs, d'y ajouter ou d'en supprimer des éléments, d'y appliquer des filtres variés, etc. ;
– stockée sur un support informatique (disquette, disque dur, CD-ROM...).

L'utilisation de mathématiques de haut niveau en traitement du signal (uni ou multi-dimensionnel) est rendue nécessaire pour développer des méthodes d'analyse, de traitement de l'information et de la prise de décisions. La notion de signal fait intervenir la notion d'observation de phénomène : elle est modélisée sous la forme de fonction d'une ou plusieurs variables. Les signaux sont des objets qui peuvent être :

– unidimensionnels (1D) : c'est le cas de tous les phénomènes ondulatoires, dont l'exemple le plus connu est le son. La variable est alors le **temps** t. L'étude des signaux 1D a fait l'objet d'un autre volume [15].
– bidimensionnels (2D) : il s'agit dans ce cas d'images statiques. La variable est une variable d'**espace** représentant les deux coordonnées (x, y) d'un point du plan de l'image. L'étude de ces signaux, plus connue sous le nom de *Traitement d'Image* fait l'objet du présent livre.
– tridimensionnels (3D) : il peut s'agir, soit d'images 3D (dans l'espace) dont la reconstruction et la description se font par exemple à partir de projections stéréographiques ou tomographiques, soit d'une séquence d'images 2D dans le temps (**vidéo**). Dans le premier cas, la variable

est une variable d'**espace** représentant les trois coordonnées d'un point (x, y, z) de l'image. Dans le second cas il s'agit des deux coordonnées (x, y) dans le plan et du temps t.

- quadridimensionnels (4D) : c'est le cas, par exemple, d'images 3D (volumes) évoluant dans le temps.

1.1 Les images numériques

Une image (statique) est un signal bidimensionnel. Une image **analogique** est par exemple celle formée sur la rétine de l'œil ou l'image obtenue par la photographie argentique classique.

On distingue deux types d'images **numériques** : les images matricielles et les images vectorielles .

- Une image **vectorielle** (ou image en mode trait) est une image numérique composée d'objets géométriques individuels (segments de droite, polygones, arcs de cercle, etc.) définis chacun par divers attributs de forme, de position, de couleur, etc. Par nature, un dessin vectoriel est dessiné à nouveau à chaque visualisation, ce qui engendre des calculs sur la machine. L'intérêt est de pouvoir redimensionner l'image à volonté sans aucun effet d'escalier. L'inconvénient est que pour atteindre une qualité photoréaliste, il faut pouvoir disposer d'une puissance de calcul importante et de beaucoup de mémoire.

  L'avantage de ce type d'image est la possibilité de l'agrandir indéfiniment sans perdre la qualité initiale, ainsi qu'un faible encombrement. L'usage de prédilection de ce type d'images concerne les schémas qu'il est possible de générer avec certains logiciels de DAO (Dessin Assisté par Ordinateur). Ce type d'images est aussi utilisé pour les animations Flash, utilisées sur Internet pour la création de bannières publicitaires, l'introduction de sites web, voire des sites web complets.

- Une image **matricielle** (ou image **bitmap**) est composée (comme son nom l'indique) d'une matrice (tableau) de points à plusieurs dimensions, chaque dimension représentant une dimension spatiale (hauteur, largeur, profondeur), temporelle (durée) ou autre (par exemple, un niveau de résolution).

  Étant donné que les moyens de visualisation d'images actuels comme les écrans d'ordinateur reposent essentiellement sur des images matricielles, les descriptions vectorielles doivent préalablement être converties en descriptions matricielles avant d'être affichées comme images.

Dans ce qui suit nous ne nous intéresserons qu'aux images matricielles. Le codage ou la représentation informatique d'une image implique sa numérisation. Cette numérisation se fait dans deux espaces :

- l'espace spatial où l'image (2D) est numérisée suivant l'axe des abscisses et des ordonnées : on parle d'**échantillonnage**. Les échantillons dans cet espace sont nommés pixels (*picture element*) et leur nombre va constituer la définition de l'image.

- l'espace des couleurs où les différentes valeurs de luminosité que peut prendre un pixel sont numérisées pour représenter sa couleur et son intensité ; on parle de **quantification**. La précision dans cet espace dépend du nombre de bits sur lesquels on code la luminosité et est appelée profondeur de l'image.

1.1.1 Les images en niveaux de gris

En général, les images en niveaux de gris renferment 256 teintes de gris. Par convention la valeur zéro représente le noir (intensité lumineuse nulle) et la valeur 255 le blanc (intensité lumineuse maximale). Le nombre 256 est lié à la quantification de l'image. En effet chaque entier représentant un niveau de gris est codé sur 8 bits. Il est donc compris entre 0 et $2^8 - 1 = 255$. C'est la quantification la plus courante. On peut coder une image en niveaux de gris sur 16 bits ($0 \leqslant n \leqslant 2^{16} - 1$) ou sur 2 bits : dans ce dernier cas le « niveau de gris » vaut 0 ou 1 : il s'agit alors d'une image binaire (Noir et Blanc).

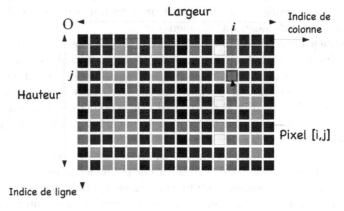

Fig. 1.2 Pixels et niveaux de gris

I est l'image numérique : $I[i, j] = n$ est la valeur du niveau de gris. Lorsque $n \in [N_{min}, N_{max}]$, $N_{max} - N_{min} + 1$ est le nombre de niveaux de gris . La **dynamique** de l'image est donnée par $Log_2(N_{max} - N_{min})$. L'origine du repère est située en haut et à gauche.

1.1.2 Les images binaires (noir ou blanc)

C'est l'exemple des images les plus simples : un pixel peut prendre uniquement les valeurs noir ou blanc. C'est typiquement le type d'image que l'on utilise pour numériser du texte quand celui-ci est composé d'une seule couleur.

1.1.3 Les images couleur

L'espace couleur est basé sur la synthèse des couleurs, c'est-à-dire que le mélange de trois composantes donne une couleur. Un pixel est codé par trois valeurs numériques. La signification de ces valeurs dépend du type de codage choisi. Le plus utilisé pour le maniement des images numériques est l'espace couleur « Rouge-Vert-Bleu »(R,V,B) (**RGB** en anglais). La restitution des couleurs sur écran utilise cette représentation. C'est une synthèse additive. Il en existe beaucoup d'autres : *Cyan -Magenta-Jaune* (ou **CMY** en anglais), *Teinte-Saturation-Luminosité* (ou **HSL** en anglais), YUV, YIQ, Lab, XYZ etc. La restitution des images sur papier utilise cette représentation : c'est une synthèse soustractive.

Dans ce qui suit nous ne considérerons que des images en niveaux de gris. En effet, chaque calque (ou canal) couleur peut être considéré comme une image en niveaux de gris séparément et on peut lui appliquer les transformations et méthodes décrites dans ce livre. Toutefois, les techniques de recalage propres aux images couleur sont délicates et sortent largement du cadre que nous nous sommes fixés ici. Le lecteur intéressé pourra se référer à [91].

1.1.4 Échantillonnage et quantification

L'**échantillonnage** est le procédé de discrétisation spatiale d'une image consistant à associer à chaque zone rectangulaire (ou pixel) $R(i,j)$ d'une image continue une unique valeur $I(i,j)$. On parle de **sous-échantillonnage** lorsque l'image est déjà discrétisée et qu'on diminue le nombre d'échantillons.

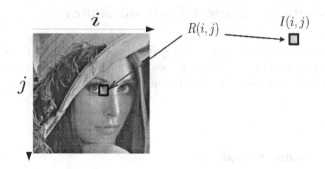

Fig. 1.3 Échantillonnage

La **quantification** désigne la limitation du nombre de valeurs différentes que peut prendre $I(i,j)$, nombre déterminé en pratique par le nombre de bits sur lequel on code la valeur numérique en question.

Fig. 1.4 Quantification

Une image numérique est une image échantillonnée et quantifiée.

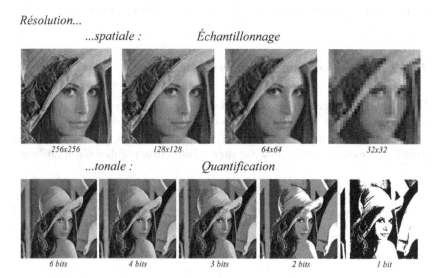

Fig. 1.5 Échantillonnage et quantification

L'échantillonnage est une opération plus complexe qu'il n'y paraît. En effet, un sous-échantillonnage de l'image fait apparaître comme dans le cas unidimensionnel des fréquences parasites dues au repliement du spectre (ou **aliasing**). La notion de fréquence dans une image correspond aux détails (nous y reviendrons dans le chapitre 3 sur le filtrage linéaire). Le théorème d'échantillonnage de Shannon (voir [15] en 1D) s'applique aussi dans le cadre bidimensionnel.

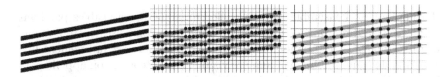

Fig. 1.6 Apparition de fréquences parasites dans le cas du sous-échantillonnage

Le phénomène d'aliasing se traduit par un effet « moiré » sur les images. Nous renvoyons à [15] pour une étude détaillée de l'échantillonnage en 1D, qui s'étend sans difficulté au cas 2D.

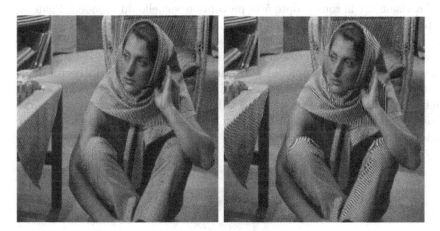

Fig. 1.7 Phénomène d'aliasing

1.2 Quelques procédés d'acquisition

Le principe de l'acquisition d'une image numérique, quelle qu'elle soit, consiste à transformer des quantités physiques (ou chimiques) en nombres que l'on stockera dans des tableaux. Dans ce qui suit nous présentons quelques procédés d'acquisition des images.

L'œil est le système d'acquisition le plus sophistiqué que nous possédons. Le cerveau est « l'ordinateur » qui traite les données acquises et son fonctionnement est loin d'être compris. Toute méthode d'acquisition et de traitement des images ne peut que s'inspirer du système visuel.

1.2.1 Le système visuel

La lumière est l'ensemble des ondes électromagnétiques visibles par l'œil humain, c'est-à-dire dont les longueurs d'onde sont comprises entre 380 nanomètres (violet) et 780 nanomètres (rouge). La lumière est intimement liée à la notion de couleur. Outre la lumière visible, par extension, on appelle parfois « lumière » d'autres ondes électromagnétiques, telles que celles situées dans les domaines infrarouge et ultraviolet. De manière générale, une onde est caractérisée par sa longueur d'onde et sa phase. La longueur d'onde correspond à la couleur de la lumière. Ainsi, une lumière constituée d'ondes de la même longueur d'onde, est dite *monochromatique*. Si en plus toutes les ondes ont la même phase, alors la lumière est *cohérente* : c'est ce qui se passe dans un laser.

La vision est le sens propre à la perception visuelle du monde à l'aide de la partie visible du rayonnement électromagnétique. Elle recouvre l'ensemble des mécanismes physiologiques et psychologiques par lesquels la lumière émise ou réfléchie par l'environnement détermine les détails des représentations sensorielles, comme les **formes**, les **couleurs**, les **textures**, le **mouvement**, la **distance** et le **relief**. Ces mécanismes font intervenir l'œil, organe récepteur de la vue, mais aussi des processus cognitifs complexes mis en œuvre par des zones spécialisées du cerveau. La vision est associée à des processus psychologiques très complexes.

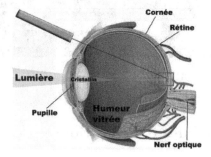

Fig. 1.8 Système visuel humain : l'œil[1]

---

1. http://commons.wikimedia.org/wiki/File:Voies_visuelles3.svg

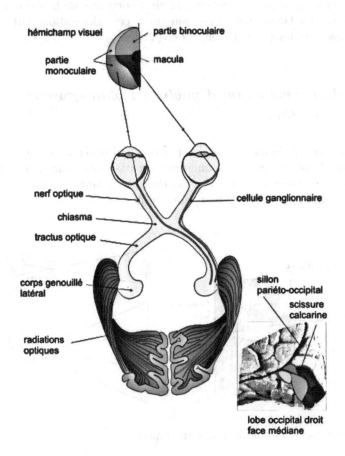

Fig. 1.9 Système visuel humain : transmission cérébrale

Par extension, on appelle « vision artificielle » le domaine technologique dont l'objectif est de déduire la position de points dans l'espace à trois dimensions à partir d'une ou de plusieurs caméras. La vision artificielle, qui repose sur la géométrie projective, permet notamment à un robot de se déplacer de manière autonome dans le monde réel.

Le flux d'informations en provenance de l'extérieur détecté par la rétine de l'œil n'est pas le seul facteur rentrant en compte dans le mécanisme de la vision. Les illusions d'optique en sont la preuve : elles montrent que la façon dont le système visuel, et en particulier le cortex visuel du cerveau, traite cette information est très importante dans la construction de l'image perçue. La vision n'est ni instantanée ni fluide, mais elle se fait de manière ponctuelle et rapide (de l'ordre du 1/40 de seconde). Les informations visuelles passent par les nerfs optiques de la rétine aux aires corticales de la vision à l'arrière du cerveau. La façon dont le cerveau traite ces informations fait l'objet de nombreuses études en neurosciences cognitives.

1.2.2 Imagerie « grand public » : photographie argentique

Mis à part quelques détails de structure qui diffèrent suivant leur type, les appareils photo actuels (numériques ou pas) fonctionnent sur un même principe et se composent des éléments de base suivants : viseur, déclencheur, objectif, diaphragme, obturateur, film ou un capteur.

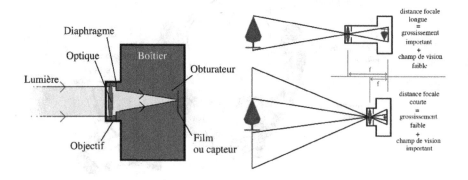

Fig. 1.10 Principe d'un appareil photographique [2]

L'objectif est le système optique à l'avant de l'appareil. Il est composé de lentilles dont le but est de former une image sur la surface sensible, film ou capteur. Dans un appareil photo argentique, l'image se forme sur un film transparent en matière plastique sur lequel est déposé une couche photosensible formée de grains d'argent. Chimiquement activés par la lumière dans l'appareil photo, il se forme alors une image latente. L'image ainsi obtenue est appelée *négatif*, car les tonalités du sujet photographié sont inversées. Dans le laboratoire de développement, l'image est transférée sur papier après avoir été exposée sous l'agrandisseur. Elle est ensuite révélée par l'action d'un bain chimique, appelé *révélateur*, qui noircit les grains d'argent activés, les autres restants incolores. Le papier passe alors dans un bain d'arrêt pour bloquer l'action du révélateur. Afin d'éviter toute action ultérieure de la lumière sur les grains non activés, un autre bain chimique se charge de les éliminer,

---

2. http://photo.stereo.free.fr/

c'est le *fixateur*. Le papier est ensuite lavé pour le débarrasser de tous les résidus de produits chimiques. Pour la couleur, trois couches photosensibles sont superposées et séparées par des filtres colorés.

Dans le cas d'une pellicule à grains fins (donc peu sensible à la lumière), la taille moyenne d'un grain d'argent est d'environ 20 micromètres. Il y en a donc environ deux millions à la surface d'un négatif de 24 x 36 mm, et près de 180 millions à la surface d'une plaque de 24 x 30 cm. Même si un grain d'argent n'est pas exactement l'équivalent d'un pixel on constate que la résolution d'une image obtenue à l'aide d'une plaque photographique peut aujourd'hui encore être nettement supérieure à celle des meilleurs appareils photographiques numériques.

Le tirage photographique est une étape dans le processus de restitution d'une image présente sur une pellicule. Le but de cette étape est de transférer l'image (à partir d'une pellicule développée) sur du papier et de l'agrandir.

1.2.3 Imagerie « grand public » : photographie numérique

Sur les appareils photographiques numériques, le film est remplacé par un capteur. Composé de plusieurs millions de cellules photosensibles recouvertes d'un filtre coloré rouge, vert ou bleu afin de restituer la couleur, le capteur CCD permet de transformer l'énergie lumineuse en signal électrique. Un convertisseur analogique/numérique se charge par la suite de convertir ce signal en données binaires. Ces données sont alors conservées sur le support de stockage de l'appareil, représenté le plus souvent par une carte mémoire amovible. Afin de faciliter l'archivage des images, celles ci sont compressées. Ce mode de compression peut être configuré avant la prise de vue et déterminera le nombre d'images qui pourront être stockées sur la carte. De même qu'avec un appareil photo argentique, la sensibilité peut être modifiée, cependant le choix s'effectue ici avant la prise de vue, par la sélection d'un paramètre dans un des menus de l'appareil.

Le CCD (*Charge-Coupled Device*, ou dispositif à transfert de charge) est le capteur le plus simple à fabriquer et a une bonne sensibilité. Les informations lumineuses frappent chacun des éléments du capteur qui constitue la surface sensible de l'appareil pour être transformées en courant électrique variable, le signal photo ou vidéo. Ce sont des photodiodes qui assurent aujourd'hui cette conversion. La qualité de l'image restituée dépend de la résolution du capteur et du traitement coloré du filtre qui lui est associé.

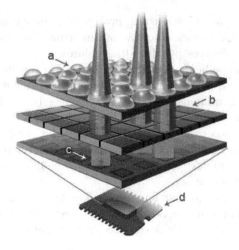

Fig. 1.11 Principe d'un capteur [3]

1.2.4 Imagerie « grand public » : numérisation des textes et des images

Un scanner, ou numériseur de documents, est un périphérique informatique qui permet de transformer un document en une image numérique. Le document est soumis au balayage d'un rayon lumineux ; un capteur transforme la lumière reçue en un signal électrique qui est transféré à l'ordinateur, pour y être ensuite sauvegardé, traité ou analysé. L'appareil prend souvent la forme d'une tablette sur laquelle le document doit être posé, mais il existe aussi des scanners à main et des stylos numériseurs.

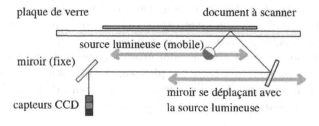

Fig. 1.12 Principe d'un numériseur [4]

---

3. http://digital.pho.to/fr/

Le document est posé contre une vitre. Sous cette vitre, un miroir et une source de lumière effectuent ensemble un passage. La source lumineuse éclaire le document au travers de la vitre. La lumière réfléchie par le document est renvoyée par le miroir mobile à un système optique qui le transmet à une batterie de capteurs de type CCD. L'ordinateur se charge ensuite de recomposer l'image obtenue.

1.3 L'imagerie médicale

Le but de l'imagerie médicale est de créer une représentation visuelle intelligible d'une information à caractère médical. Cette problématique s'inscrit plus globalement dans le cadre de l'image scientifique et technique : l'objectif est en effet de pouvoir représenter sous un format relativement simple une grande quantité d'informations issues d'une multitude de mesures acquises selon un mode bien défini. L'image obtenue peut être traitée informatiquement pour obtenir par exemple :
- une reconstruction tridimensionnelle d'un organe ou d'un tissu,
- un film ou une animation montrant l'évolution ou les mouvements d'un organe au cours du temps,
- une imagerie quantitative qui représente les valeurs mesurées pour certains paramètres biologiques dans un volume donné.

Dans un sens plus large, le domaine de l'imagerie médicale englobe toutes les techniques permettant de stocker et de manipuler ces informations. Ainsi, il existe une norme pour la gestion informatique des données issues de l'imagerie médicale : la norme DICOM.

Suivant les techniques utilisées, les examens d'imagerie médicale permettent d'obtenir des informations sur l'anatomie des organes (leur taille, leur volume, leur localisation, la forme d'une éventuelle lésion, etc.) ou sur leur fonctionnement (leur physiologie, leur métabolisme, etc.). Dans le premier cas on parle d'imagerie *structurelle* et dans le second d'imagerie *fonctionnelle*.

Parmi les méthodes d'imagerie structurelle les plus couramment employées en médecine, on peut citer les méthodes basées sur :
- les rayons X (radiologie conventionnelle, radiologie digitale, tomodensitomètre ou CT-scan, angiographie, etc.),
- la résonance magnétique nucléaire (IRM),
- les ultrasons (méthodes échographiques),
- les rayons lumineux (méthodes optiques).

Les méthodes d'imagerie fonctionnelle sont aussi très variées. Elles regroupent

---

4. http://commons.wikimedia.org/wiki/File:Scanner_a_plat_fonctionnement.png

- les techniques de médecine nucléaire (TEP, TEMP) basées sur l'émission de positons ou de rayons gamma par des traceurs radioactifs qui, après injection, se concentrent dans les régions d'intense activité métabolique,
- les techniques électrophysiologiques qui mesurent les modifications de l'état électrochimique des tissus (en particulier en lien avec l'activité nerveuse),
- les techniques issues de l'IRM dite fonctionnelle,
- les mesures thermographiques ou de spectroscopie infra-rouge.

1.3.1 La radiographie

Les rayons X sont des ondes électromagnétiques (de même nature que les ondes de lumière mais plus énergétiques). Ils ont la propriété d'être atténués par toutes sortes de substances, y compris les liquides et les gaz. Ils peuvent traverser le corps humain, où ils seront plus ou moins atténués suivant la densité électronique des structures traversées. Les rayons résiduels (ceux qui auront traversé le corps) provoquent le noircissement du film placé derrière la table de radiographie (technique radiographique traditionnelle). Ainsi, une structure « aérée » comme celle des poumons paraîtra noire. A l'inverse, une structure dense comme les os paraîtra blanche (les rayons X auront tous été absorbés). Il est possible d'opacifier des structures creuses que l'on veut radiographier (appareil digestif, articulation, etc.) en injectant un produit de contraste, opaque aux rayons X, tel que l'iode ou le baryum.

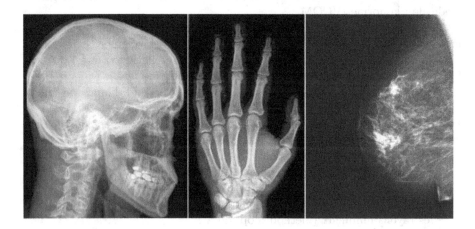

Fig. 1.13 Images radiographiques

1.3.2 La tomographie (scanner)

Le scanner X permet une modulation si fine de l'irradiation aux rayons X que la zone étudiée peut être comme « découpée en tranches » (d'où le nom de « tomographie », *tomein* signifiant « couper » en grec). Couplée à un traitement numérique des données, la mesure du coefficient d'atténuation des rayons X permet alors de restituer une image précise de la zone étudiée.

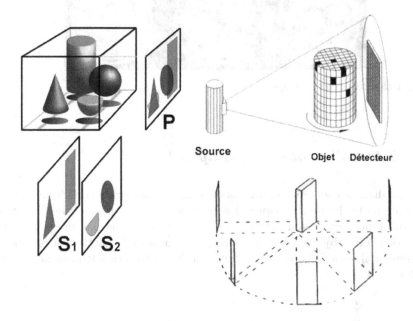

Fig. 1.14 Principe de la tomographie

Le principe de la tomographie X repose sur le théorème de Radon (1917) qui décrit comment il est possible de reconstruire la géométrie bidimensionnelle d'un objet à partir d'une série de projections mesurées tout autour de celui-ci. Cette méthode peut être étendue à la reconstruction de la tomographie interne d'un objet à partir de la façon dont les rayons le traversant sont absorbés suivant leurs angles de pénétration. Toutefois, les calculs nécessaires à cette technique la rendaient impraticable avant l'arrivée des ordinateurs. On attribue à chaque pixel d'image une valeur d'échelle de gris proportionnelle à l'absorption des rayons X par le volume corporel correspondant.

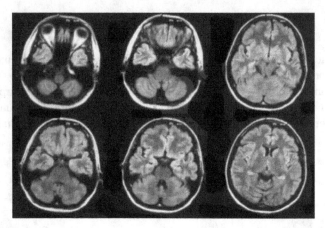

Fig. 1.15 Images en tomographie X

1.3.3 Les ultrasons (échographie)

Les ultrasons sont des ondes sonores imperceptibles à l'oreille humaine. Comme toutes les ondes sonores, les ultrasons sont absorbés ou réfléchis par les substances qu'ils rencontrent. Ils peuvent être émis par une sonde en direction d'un objet solide à atteindre. Le temps qu'ils mettent à revenir à la sonde qui les a émis (écho) est fonction de la distance à laquelle se trouve l'objet.

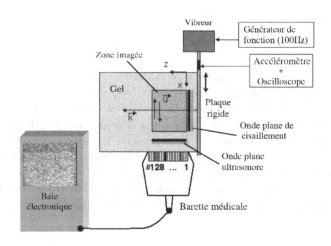

Fig. 1.16 Principe de l'échographie

Dans l'échographie, la mesure de l'écho est analysée par un ordinateur et restituée en temps réel sur l'écran sous forme de points plus ou moins noirs délimitant les différentes structures. En pratique, la sonde est dirigée et promenée sur la région à examiner après avoir appliqué un gel ou une pâte afin de permettre la transmission des ultrasons (qui, sinon, seraient arrêtés par l'air).

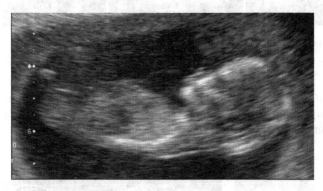

Fig. 1.17 Image échographique

1.3.4 L'imagerie par résonance magnétique nucléaire (IRM)

Selon le champ magnétique auquel ils sont soumis, les noyaux de certains des atomes qui composent la matière peuvent entrer « en résonance » : c'est le principe physique de la résonance magnétique nucléaire (RMN). L'IRM nécessite donc un champ magnétique puissant et stable produit par un aimant supraconducteur qui crée une magnétisation des tissus. Des champs magnétiques oscillants plus faibles, dits radiofréquence, sont alors appliqués de façon à modifier transitoirement l'orientation des protons qui tournent autour des noyaux activés. Lorsque les protons reviennent à leur état initial, ils restituent de l'énergie enregistrable sous forme d'un signal, capté par une antenne réceptrice, puis analysé. Un traitement informatique permet de construire une image tridimensionnelle, présentée en coupes successives, dont les informations seront variables en fonction de la technique utilisée.

En observant, sous l'effet d'un champ magnétique intense, la résonance des noyaux d'hydrogène, élément présent en abondance dans l'eau et les graisses (80% du corps humain), on peut visualiser la structure anatomique de nombreux tissus (IRM *anatomique*). On peut suivre également certains aspects du métabolisme ou du fonctionnement des tissus (IRM *fonctionnelle*). La résonance des noyaux d'hydrogène induite par la présence d'hémoglobine permet par exemple de suivre le trajet du sang dans le cerveau.

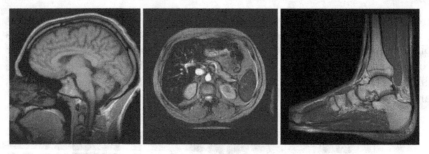

Fig. 1.18 Images IRM

La magnétoencéphalographie (MEG) est une technique de mesure des faibles champs magnétiques induits par l'activité électrique des neurones du cerveau. Contrairement à l'IRM, elle ne repose pas sur l'aimantation préalable des tissus.

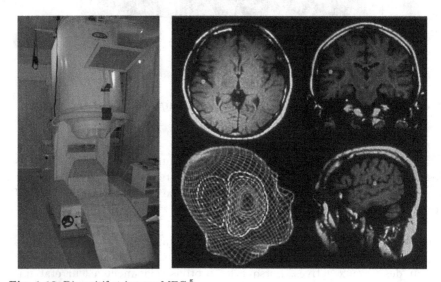

Fig. 1.19 Dispositif et images MEG [5]

5. http://u821.lyon.inserm.fr/_utils/_img/DispositifMEG.eps
http://www.vjf.cnrs.fr/histrecmed/publications-electroniques/ImageMedic/
07Imagefonctionnelle/imagmed049.eps

1.3.5 L'imagerie par radioactivité

Les techniques de *scintigraphie* nucléaire reposent sur l'utilisation d'un traceur radioactif qui émet des rayonnements détectables par les appareils de mesure. Ces molécules radiopharmaceutiques sont choisies pour se fixer préférentiellement sur certaines cellules selon le type de diagnostic voulu. Un traitement des données permet ensuite de reconstituer l'origine spatiale de ces rayonnements et de déduire les régions du corps où le traceur s'est concentré. L'image obtenue est le plus souvent une projection mais on peut obtenir une coupe ou une reconstruction tridimensionnelle de la répartition du traceur.

- La tomographie d'*émission monophotonique* (TEMP ou SPECT) utilise l'émission de photons gamma par une molécule marquée par un isotope radioactif injecté dans l'organisme.
- La tomographie à *émission de positon* (TEP ou PET) utilise le plus souvent un analogue du glucose marqué par un radio-isotope émettant des positons, le fluor 18, et permet alors de voir les cellules à fort métabolisme (ex : cellules cancéreuses, infection, etc.).

La TEP permet en général d'obtenir des images de meilleure qualité que la TEMP. Toutefois, le nombre et la disponibilité des radio-pharmaceutiques utilisables en TEMP ainsi que le coût modéré des gamma caméras compensent ce défaut.

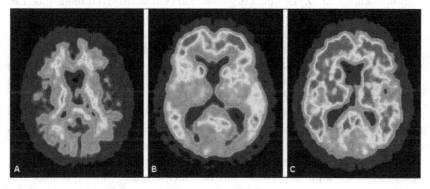

Fig. 1.20 Tomographie par émission de positons

1.3.6 Méthodes optiques

L'imagerie *spectroscopique proche infrarouge* utilise une mesure du chemin optique de la lumière émise par une source infra-rouge pour en déduire des mesures de l'oxygénation des zones du tissu traversé (en général du cerveau) afin d'en déduire son activité. Les technologies d'OCT (*Optical Coherent*

Tomography) permettent d'obtenir une image par réalisation d'interférences optiques sous la surface du tissu analysé. Ces interférences sont mesurées par une caméra (OCT plein champ) ou par récepteur dédié (OCT traditionnelle). Ces techniques sont non destructives et sans danger.

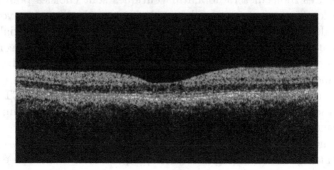

Fig. 1.21 Image de rétine par OCT

- L'OCT plein champ est la plus performante des techniques OCT. L'image obtenue est une biopsie optique virtuelle. C'est une technologie en développement qui permet, grâce à sa résolution (1 μm dans les trois dimensions X, Y, Z) de voir l'organisation cellulaire en 3 dimensions. Les images sont réalisées en plan, à la manière de photos prises au-dessus du tissu, mais à différentes profondeurs sous la surface du tissu observé. Cette technique utilise une source lumineuse blanche (spectre large).
- Dans l'OCT traditionnelle, l'image obtenue est une coupe du tissu étudié. La résolution est de l'ordre de 10 à 15 μm. Cette technologie utilise un laser pour réaliser les images.

La multiplication des techniques et leur complémentarité poussent les progrès dans la direction d'une imagerie dite *multimodale* dans laquelle les données issues de plusieurs technologies acquises simultanément ou non sont recalées, c'est-à-dire mises en correspondance au sein d'un même document. On pourra par exemple superposer sur une même image la morphologie des contours du cœur obtenue par IRM avec une information sur la mobilité des parois obtenues par échographie. Les appareils récents d'imagerie permettent parfois de produire des images multimodales au cours d'un seul examen (par exemple, les systèmes hybrides CT-SPECT).

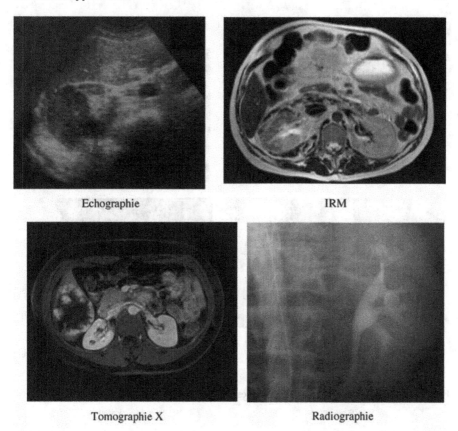

Fig. 1.22 Images d'un rein par différentes techniques

1.4 Autres applications

Bien évidemment, il existe d'autres domaines d'applications que l'imagerie médicale. Citons par exemple :
– l'imagerie « scientifique » à des fins de recherche fondamentale ou appliquée,

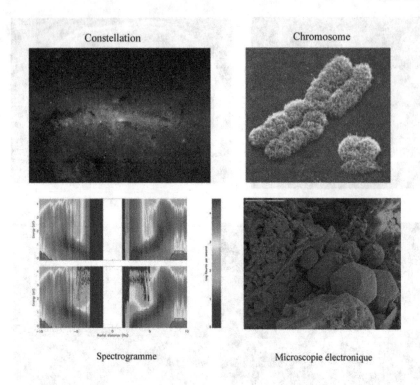

Fig. 1.23 Différentes images « scientifiques »

  – la télédétection : météo, cartographie, analyse des ressources terrestres,
    astronomie, etc.,

Fig. 1.24 Image aérienne ou satelllite

– les applications militaires : guidage de missile, reconnaissance (aérienne, sous-marine, etc .), détection de mouvement, etc.,

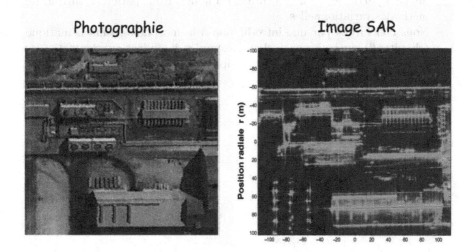

Fig. 1.25 Image SAR (Synthetic Aperture Radar)

– les images « ludiques » : films d'animations, jeux vidéo...

1.5 Différents aspects du traitement des images

Les outils mathématiques pour effectuer le traitement des images sont nombreux et variés. Nous en présenterons quelques uns au fil des problématiques étudiées. En particulier nous nous placerons dans un cadre déterministe même si l'image considérée peut être entachée d'un bruit aléatoire. Pour des méthodes mathématiques stochastiques nous renvoyons par exemple à [25], [37] ou [62].

Le chapitre 2 montre comment effectuer des opérations élémentaires sur les images (éclaircissement, contraste) en transformant chaque niveau de gris en un autre suivant des critères liés à l'histogramme de l'image.

Nous présentons ensuite les trois principales étapes de traitement d'une image

– le filtrage (chapitres 3 et 4) permet de « nettoyer » des images bruitées et/ou d'en isoler certains détails. Les outils principaux du filtrage sont la convolution, la transformation de Fourier (filtres fréquentiels) et les ondelettes,

- la segmentation (chapitre 5) permet de déterminer les contours et/ou les régions dans une image,
- la restauration (ou déconvolution) (chapitre 4) permet de retrouver une image à partir de données bruitées ou floues. Nous parlerons surtout de méthodes variationnelles.
- Nous conclurons par une introduction à la morphologie mathématique (chapitre 6) ainsi que par quelques exemples d'applications des méthodes présentées. (chapitre 7). Les principaux outils mathématiques utilisés sont rappelés en annexe.

Chapitre 2
Traitement ponctuel des images numériques

Dans ce court premier chapitre on s'intéresse aux traitements ponctuels qui consistent à faire subir à chaque pixel une correction ne dépendant que de sa valeur. On trouve dans cette catégorie, les fonctions de recadrage ou d'égalisation de dynamique, de binarisation etc. Cette étape préalable permet de régler la luminosité ou le contraste d'une image.

Sauf mention particulière, nous parlons d'images comportant $N_1 N_2$ pixels codés sur 256 niveaux de gris différents.

2.1 Recadrage de dynamique - contraste

Il s'agit d'une transformation qui permet de modifier la dynamique des niveaux de gris dans le but d'améliorer l'aspect visuel de l'image. À un niveau de gris f de l'image originale correspond le niveau $t(f)$ dans l'image transformée. On fait subir à chaque pixel un traitement ne dépendant que de sa valeur. La transformation $t(f)$ peut être réalisée en temps réel sur l'image en cours d'acquisition à l'aide d'une table de transcodage. Les transformations de base se font en rapport avec l'histogramme de l'image :

Définition 2.1.1 (Histogramme d'une image) *L'histogramme d'une image est l'histogramme de la série de données correspondant aux niveaux de gris des pixels. C'est une fonction discrète définie par :*

$$\forall p \in \{0, \cdots, 255\} \qquad h_p = Nombre \ des \ pixels \ ayant \ p \ pour \ niveau \ de \ gris \ .$$

On peut définir une version « continue » **h** de l'histogramme en faisant une interpolation (par exemple linéaire par morceaux) des valeurs h_p de sorte que

$$\forall p \in \{0, \cdots, 255\} \qquad \mathbf{h}(p) = h_p.$$

© Springer-Verlag Berlin Heidelberg 2015
M. Bergounioux, *Introduction au traitement mathématique des images - méthodes déterministes,* Mathématiques et Applications 76,
DOI 10.1007/978-3-662-46539-4_2

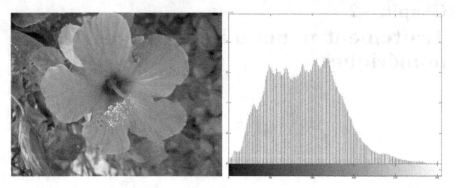

Fig. 2.1 Hibiscus et son histogramme

L'histogramme donne une indication de la dynamique de l'image (répartition des niveaux de gris) mais n'est, en aucun cas, une caractéristique de l'image.

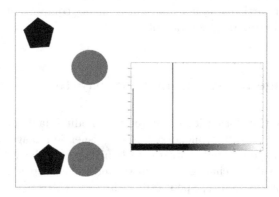

Fig. 2.2 Deux images différentes peuvent avoir le même histogramme

2.1.1 Transformation de recadrage

On se donne une image présentant un histogramme concentré dans l'intervalle $[a, b]$. Les valeurs a, b correspondent aux niveaux de gris extrêmes présents dans cette image. Le recadrage de dynamique consiste à étendre la dynamique de l'image transformée à l'étendue totale $[0, 255]$. La transformation de recadrage est donc une application affine qui s'écrit :

$$t(f) = \begin{cases} 255\dfrac{f-a}{b-a} & \text{pour } a \leqslant f \leqslant b \\ 0 & \text{si } f < a \\ 255 & \text{si } f > b \end{cases}$$

Fig. 2.3 Recadrage : Original (gauche) et image recadrée avec $a = 30$, $b = 200$

Variantes pour le rehaussement des contrastes
Les types de correction donnés ci-dessous permettent d'accentuer le contraste dans une plage précise de niveau.

$$t(f) = \begin{cases} \dfrac{b}{a}f & \text{pour } 0 \leqslant f \leqslant a \\ \dfrac{(255-b)\,f + 255(b-a)}{255-a} & \text{pour } a \leqslant f \leqslant 255 \end{cases}$$

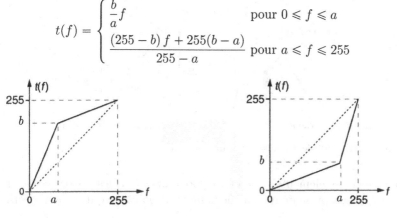

Fig. 2.4 Fonction de rehaussement de contraste : dilatation de la dynamique des zones sombres (à gauche) et des zones claires (à droite)

(a) Dilatation de la dynamique des zones (b) Dilatation de la dynamique des zones
claires ($a = 80$, $b = 200$)   sombres ($a = 100$, $b = 40$)

Fig. 2.5 Rehaussement de contraste.

2.2 Égalisation de l'histogramme

L'histogramme d'une image est rarement plat ce qui traduit une entropie non maximale. La transformation d'égalisation est construite de telle façon que l'histogramme de l'image transformée soit le plus plat possible. Cette technique améliore le contraste et permet d'augmenter artificiellement la clarté d'une image grâce à une meilleure répartition des intensités relatives.

Considérons l'histogramme continu $f \mapsto \mathbf{h}(f)$. En notant $f' = t(f)$, l'histogramme égalisé $f' \mapsto \mathbf{h}'(f')$ doit s'approcher de la forme idéale décrite ci-dessous.

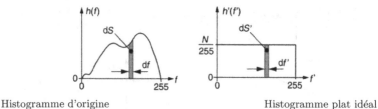

Histogramme d'origine   Histogramme plat idéal

Fig. 2.6 Fonction idéale d'égalisation d'un histogramme

Deux surfaces élémentaires en correspondance dans les histogrammes initiaux et égalisés, présentent le même nombre de points ce qui permet d'écrire :

$$f' = t(f) = \frac{255}{N} \int_0^f \mathbf{h}(s)\,ds \ .$$

Ici, N est le nombre total de pixels de l'image et $\dfrac{\mathbf{h}}{N}$ est l'histogramme normalisé (entre 0 et 1). En remplaçant l'intégration continue par une somme, on obtient la transformation d'égalisation discrète suivante :

$$f' = t(f) = \frac{255}{N} \sum_{i=0}^{f} h_i \ .$$

(a) Original   (b) Histogramme

(c) Image égalisée   (d) Histogramme égalisé

Fig. 2.7 Egalisation d'histogramme

2.3 Binarisation-seuillage

Le but de la binarisation d'une image est d'affecter un niveau uniforme au pixels pertinents et d'éliminer les autres.

Le *seuillage* consiste à affecter le niveau 255 aux pixels dont la valeur est supérieure à un seuil S et le niveau 0 aux autres. On peut avoir une approche plus « sélective » du seuillage en choisissant d'extraire *une fenêtre d'intensité* $[a, b]$. Avec cette transformation, la nouvelle image ne visualise que les pixels dont le niveau d'intensité appartient à l'intervalle $[a, b]$. Sous réserve d'une connaissance a priori de la distribution des niveaux de gris des objets de l'image originale, cette technique permet une segmentation d'objets particuliers de l'image. Le graphe de ces transformations est le suivant

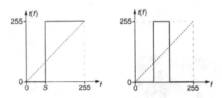

Fig. 2.8 Fonctions de seuillage et « fenêtre d'intensité »

(a) Original   (b) Histogramme

(c) Image seuillée avec fenêtre d'in-   (d) Seuillage à $S = 100$
tensité entre 30 et 100

Fig. 2.9 Seuillages

Le choix de la valeur du seuil est le problème crucial. Il existe de nombreuses méthodes statistiques pour le déterminer automatiquement, basées par exemple sur des voisinages et critères de niveau de gris, moyenne, variance etc. Nous n'entrerons pas dans le détail.

Chapitre 3
Débruitage par filtrage linéaire

L'étude d'un signal 1D ou 2D nécessite de supprimer au maximum le bruit parasite dû aux conditions d'acquisition. L'un des buts du filtrage est de « nettoyer » le signal en éliminant le plus de bruit possible tout en préservant le maximum d'informations. En outre, l'information contenue dans un signal n'est pas forcément entièrement pertinente : il faut « sélectionner » l'information utile suivant l'usage que l'on veut en faire. Par exemple, à l'écoute d'un morceau de musique, on peut vouloir un renforcement des sons graves. Une autre finalité du filtrage est donc de sélectionner et renforcer certaines bandes de fréquences porteuses de l'information intéressante.

Le filtrage des images a la même finalité que celui des signaux 1D. Il s'agit essentiellement d'enlever le bruit (parasite) ou de sélectionner certaines fréquences. Si la notion de haute fréquence ou basse fréquence est naturelle en signal 1D (son aigu ou grave), la **fréquence spatiale** est un concept plus délicat qui découle du fait que les images appartiennent au domaine spatial. La fréquence temporelle est une grandeur qui caractérise le nombre de phénomènes qui se déroulent au cours d'un temps donné. Si en voiture, le long d'une route, on voit 2 bandes blanches PAR seconde : c'est une fréquence temporelle. Il est ensuite facile de comprendre que ce concept de fréquence « temporelle » peut aussi se traduire en fréquence spatiale en disant qu'il y a 200 bandes blanches PAR kilomètre.

Dans une image, les détails se répètent fréquemment sur un petit nombre de pixels, on dit qu'ils ont une fréquence élevée : c'est le cas pour les textures fines (comme les feuilles d'un arbre ou de l'herbe) et certains contours de l'image. Au contraire, les fréquences basses correspondent à de faibles variations diluées sur de grandes parties de l'image, par exemple des variations de fond de ciel.

© Springer-Verlag Berlin Heidelberg 2015
M. Bergounioux, *Introduction au traitement mathématique des images - méthodes déterministes*, Mathématiques et Applications 76,
DOI 10.1007/978-3-662-46539-4_3

Fig. 3.1 Hautes et basses fréquences d'une image

Nous verrons dans la suite que la plupart des filtres agissent sélectivement sur ces fréquences pour les sélectionner, en vue de les amplifier ou de les réduire tout comme dans le cas unidimensionnel.

3.1 Le « bruit »

Dans toute image numérique, les valeurs de gris ou de couleur observées présentent une incertitude. Cette incertitude est due aux aléas du comptage des photons arrivant sur chaque capteur. Les valeurs de couleur mesurées sont perturbées car les capteurs reçoivent des photons parasites et subissent des fluctuations électrostatiques lors de leurs charges et décharges. Quand un capteur reçoit beaucoup de photons venant d'une scène bien éclairée, les parasites sont négligeables par rapport au flux de vrais photons. Mais, même dans une photo d'exposition suffisante, les pixels sombres reçoivent très peu de photons et sont donc « bruités ». Visuellement, on distingue en général deux types de bruit d'image qui s'accumulent :

– le bruit de *chrominance*, qui est la composante colorée des pixels bruités : il est visible sous la forme de taches de couleurs aléatoires,
– le bruit de *luminance*, qui est la composante lumineuse des pixels bruités : il est visible sous la forme de taches plus foncées ou plus claires donnant un aspect granuleux à l'image.

3.1.1 Bruit thermique

Le bruit *thermique* est dû à l'agitation naturelle des électrons, qui augmente avec la température du capteur. Ce phénomène est appelé courant d'obscurité. Les fabricants de caméras le quantifient par le nombre d'électrons. Sur des appareils fixes de laboratoire ou de studios professionnels, ce bruit peut être réduit efficacement par refroidissement du capteur. Sur les appareils photo grand public, les fabricants réduisent l'impact de ce bruit en ajoutant un filtre infrarouge juste devant le capteur, ce qui limite l'agitation électronique.

3.1.2 Bruit « Poivre et sel »

Le bruit « Poivre et sel » ou bruit *impulsionnel* est un bruit qui assigne à une certain nombre de pixels de l'image une valeur 0 ou 255 aléatoirement. Ce bruit est dû soit à des erreurs de transmission de données, soit à la défaillance d'éléments de capteur, soit à la présence de particules fines sur le capteur d'images.

3.1.3 Bruit de grenaille

Le bruit de *grenaille* ou bruit *quantique* est un bruit électronique. Il se produit lorsque le nombre fini de particules transportant l'énergie (électrons dans un circuit électronique, ou photons dans un dispositif optique) est suffisamment faible pour donner lieu à des fluctuations statistiques perceptibles. Le bruit des photons est la principale source de bruit dans les images prises par les appareils photo numériques actuels.

3.1.4 Le flou

En photographie le flou de *bougé* peut avoir plusieurs origines :
- le déplacement du photographe s'il est en mouvement ;
- l'instabilité du photographe sur ses appuis s'il est par ailleurs immobile dans l'espace ;
- les tremblements naturels de la main qui soutient l'appareil si le photographe est en revanche complètement stable sur ses appuis ;
- le mouvement de l'appareil du fait de la pression sur le déclencheur s'il n'est pas tenu à la main mais installé sur un support fixe tel qu'un trépied ;

– en photographie numérique, les vibrations engendrées par le déplacement du miroir si le photographe utilise une télécommande pour éviter le mouvement lié au déclenchement.

Le terme flou cinétique (ou *flou de mouvement*) désigne le flou visible sur une photographie ou dans une animation, dû au mouvement rapide du sujet photographié pendant l'enregistrement ou à un long temps de pose. Il se distingue du flou de bougé, qui est dû à l'instabilité de l'appareil-photo pendant la prise de vue.

Enfin le flou est souvent dû à une mauvaise focalisation. Dans le cas de l'œil (myopie) on parle plutôt d'accommodation mais le phénomène est similaire pour un appareil d'acquisition. Lorsque notre regard se porte sur un objet lointain, nous le voyons net. Simultanément, un objet se trouvant plus près de nous dans l'axe de notre regard nous paraît flou. Si au contraire nous regardons cet objet rapproché, notre œil accommode sur celui-ci (nous le voyons net) et l'objet lointain devient flou.

3.1.5 Modélisation du bruit et du flou

En conclusion, les images obtenues par un procédé d'acquisition artificiel dont souvent dégradées par des perturbations appelées génériquement « bruit ». Ce bruit est dans la majorité des cas dû aux conditions d'acquisition :

– étalonnage de l'appareil : malgré des technologies de plus en plus pointues, il existe toujours des erreurs minimes de mesure ou de manipulation,
– perturbations par le milieu ambiant : c'est le cas des images médicales par exemple (radiographie, échographie) où l'information est bruitée par la traversée des tissus observés,
– mauvaises conditions d'acquisition : nuages pour les photos aériennes, manque de luminosité etc ...

Les dégradations peuvent être aussi le fait du vieillissement des supports (photographies ou films anciens) ou le résultat d'artéfacts numériques lors de reconstructions à partir des données physiques (comme en tomographie par exemple). Une notion utile pour estimer le bruit dans une image (et plus généralement dans un signal) et le rapport signal sur bruit (SNR : *Signal to Noise Ratio*). Ce rapport est souvent obtenu (expérimentalement) grâce à l'étalonnage des instruments de mesure.

Définition 3.1.1 *On appelle « rapport signal sur bruit » (Signal to Noise Ratio : SNR), d'un signal donné x entaché d'un bruit b sur un intervalle de temps fini I la quantité :*

$$SNR = 20 \cdot \log_{10} \left(\frac{\|x\|}{\|b\|} \right) ,$$

*où $\| \cdot \|$ désigne la norme euclidienne du signal discret. Il est exprimé en
décibels (dB) qui est donc une échelle logarithmique.*

On rappelle que la norme euclidienne d'un signal discret $x = (x_i)_{1 \leqslant i \leqslant N} \in \mathbb{R}^N$
est définie par

$$\|x\| = \sqrt{\sum_{i=1}^{N} x_i^2} \; .$$

Cette notion est reprise dans le cas des images dans le chapitre 4, section 4.3.3.
On peut implémenter le SNR de plusieurs façons avec MATLAB© en utilisant
par exemple la formule `SNR = 20*log10(norm(u(:))/norm(u(:)-v(:)))` où
u est l'image observée et v l'image restaurée (la différence $u - v$ représentant
alors le bruit).

Le bruit est de nature et d'origine variées et donc se modélise de différentes
façons :

1. Bruit additif gaussien (centré) d'écart-type σ souvent égal au SNR. Nous
   utiliserons cette dénomination (standard) qui est un peu abusive toutefois.
   En effet, si u représente l'image originale, l'image dégradée u_b s'obtient par

$$u_b = u + b_\sigma \; ,$$

   où b_σ est la réalisation d'une variable aléatoire B_σ de loi normale centrée,
   d'écart-type σ. C'est le modèle le plus courant.

2. Bruit multiplicatif. L'image dégradée u_b s'obtient par

$$u_b = u \cdot (1 + b_\sigma) \; .$$

   Le bruit est donc proportionnel à l'intensité lumineuse. Le chatoiement
   (« speckle » en anglais) est l'ensemble de petites taches rapidement fluc-
   tuantes qui apparaissent dans la texture instantanée d'une image et qui lui
   donnent un aspect granuleux. Elles sont dues soit à la diffusion des ondes
   d'un faisceau cohérent spatialement de lumière, un laser par exemple, par
   une cible présentant des irrégularités à l'échelle de la longueur d'onde, soit
   à la propagation d'un faisceau cohérent dans une atmosphère caractérisée
   par des variations aléatoires d'indice de réfraction.

3. Le flou est souvent modélisé par un opérateur de convolution qui a pour
   effet de régulariser fortement les images et donc d'adoucir les détails.
   L'opération de défloutage s'appelle donc logiquement une *déconvolution*.

(a) Image originale   (b) Bruit blanc gaussien $\sigma = 0.2$ ($\simeq$ 50 ni-
                                           veaux de gris)

(c) Bruit poivre et sel   (d) Bruit multiplicatif

Fig. 3.2 Exemples de bruits

Les filtres linéaires d'un signal 1D sont et ne sont que des filtres de convolution : nous allons expliciter cela dans la section suivante. Il est donc naturel
de commencer par ce type de filtre pour le filtrage spatial.

3.2 Filtrage spatial (bruit additif)

3.2.1 Filtrage unidimensionnel

Avant de présenter les principales techniques de base pour le filtrage des
images, nous rappelons brièvement le principe du filtrage unidimensionnel
(pour plus de détails on peut se référer à [15]).

Pour définir un *filtre* linéaire mathématiquement, on se donne deux espaces
vectoriels $\mathcal{X}$ (entrée) et $\mathcal{Y}$ (sortie) munis d'une topologie (par exemple des
espaces normés) et un opérateur $\mathcal{A}$ linéaire qui, à un signal $e \in \mathcal{X}$ dit signal

d'entrée (*input*), associe un signal $s \in \mathcal{Y}$ appelé signal de sortie (*output*) :

$$\mathcal{A} : e \mapsto s := \mathcal{A}(e) \ .$$

En pratique, les espaces utilisés pour l'étude des signaux 1D sont les espaces $L^1(\mathbb{R}), L^2(\mathbb{R})$ ou $L^\infty(\mathbb{R})$ si le signal est défini sur $\mathbb{R}$ et les espaces $L_p^1(I), L_p^2(I)$ ou $L_p^\infty(I)$ si les signaux sont définis sur un intervalle fini I de $\mathbb{R}$ et périodisés. Ces espaces sont définis dans l'annexe A.1 (on peut voir aussi [15, 47] par exemple).

Définition 3.2.1 (Filtre) *Un filtre linéaire est formé des espaces d'entrée et de sortie et d'un opérateur linéaire continu qui vérifie les deux propriétés suivantes :*
1. Invariance temporelle : si $\mathcal{T}_a : x \mapsto x(\cdot - a)$ est l'opérateur de translation alors

$$\mathcal{T}_a \mathcal{A} = \mathcal{A} \mathcal{T}_a.$$

2. Causalité (ou réalisabilité) : si pour tout t_o donné, on a la propriété suivante :

$$\forall \, t < t_o \quad x_1(t) = x_2(t) \implies \forall t < t_o \quad \mathcal{A}x_1(t) = \mathcal{A}x_2(t).$$

Les espaces peuvent être de dimension infinie (signaux *analogiques*) ou finie (signaux *discrets ou numériques*). On définit un signal *monochromatique* de la manière suivante

$$w_\lambda : t \ \mapsto \exp(2i\pi\lambda t) \ , \tag{3.1}$$

de sorte que $w_{n\lambda} = (w_\lambda)^n$.

On peut montrer ([15]) qu'un filtre linéaire associe à tout signal d'entrée monochromatique le même signal multiplié par un facteur indépendant du temps, généralement complexe, appelé *fonction de transfert* ou *gain complexe* du filtre. De plus, un système linéaire continu est un filtre linéaire si et seulement si la relation entre l'entrée e et la sortie s est une convolution :

$$s(t) = (h * e)(t) = \int_{-\infty}^{+\infty} h(\theta) \, e(t - \theta) \, d\theta \ .$$

Pour les filtres à temps discret on a

$$s_n = \sum_{k \in \mathbb{Z}} h_k \, e_{n-k} \ .$$

En d'autres termes les filtres linéaires continus unidimensionnels sont et ne sont que des filtres de convolution (où la convolution est soit continue, soit discrète).

Le noyau de convolution h est la *réponse impulsionnelle* du filtre. La transformée de Fourier continue (annexe A.1.3) ou discrète (annexe A.1.2) suivant les cas, $H := \hat{h}$ de h est la *fonction de transfert* du filtre.

Généralement, on distingue les filtres suivant l'action qu'ils ont sur le spectre (c'est-à-dire par la forme de leur fonction de transfert) :

Définition 3.2.2 – *un filtre passe-bas va éliminer ou atténuer fortement l'énergie des hautes fréquences d'un spectre en ne laissant « passer » que les basses fréquences ;*
- *un filtre passe-haut va éliminer ou atténuer fortement l'énergie des basses fréquences d'un spectre ;*
- *un filtre passe-bande ne conservera que l'énergie concentrée dans une bande de fréquences.*
- *un filtre coupe-bande qui est le complémentaire du précédent.*

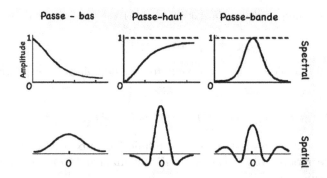

Fig. 3.3 Filtres passe-bas et passe-haut

3.2.2 Filtres de convolution

Comme nous l'avons déjà évoqué, les images peuvent être dégradées par différentes perturbations, dont nous donnons un aperçu dans la figure 3.2 p. 36. Le filtrage a pour but d'éliminer l'effet de ces perturbations en essayant de ne pas toucher aux informations essentielles de l'image (contours, dynamique, textures etc.)

Dans cette section, nous allons présenter les techniques linéaires de base pour effectuer un filtrage permettant de supprimer les effets d'un *bruit additif* que l'on supposera gaussien (centré).

Comme dans le cas 1D, le filtrage linéaire spatial des images est aussi une opération de convolution (2D). Si f est l'image à filtrer (ou à *rehausser*) et κ la réponse impulsionnelle du filtre (spatial) on a :

$$(f * \kappa)(x,y) = \mathcal{F}^{-1}\left\{ \mathcal{F}(f) \cdot \underbrace{\mathcal{F}(\kappa)}_{K(u,v)} \right\}(x,y).$$

où $\mathcal{F}$ est la transformation de Fourier 2D (définie annexe A.1.3.3) et K la fonction de transfert du filtre. Dans le contexte du traitement d'image le noyau κ est appelé **PSF** (*Point Spread Function*) ou *masque*.

Comme les images numériques sont des objets de dimension finie nous allons présenter les filtres dans le cas discret.

Dans tout ce qui suit x et y sont des entiers (coordonnées des pixels) et f est à valeurs entières (dans $\{0, \cdots, 255\}$). Comme dans le cas unidimensionnel, on peut distinguer trois types de filtrage :

- le filtre *passe-bas* diminue le bruit mais atténue les détails de l'image (flou plus prononcé),
- le filtre *passe-haut* accentue les contours et les détails de l'image mais amplifie le bruit,
- le filtre *passe-bande* élimine certaines fréquences indésirables présentes dans l'image.

On ne fait pas en général une convolution globale qui serait d'une part coûteuse à implémenter, d'autre part régulariserait l'image dans sa globalité de manière trop prononcée. On choisit des noyaux dont le support est petit de façon à effectuer une convolution locale au voisinage de chaque pixel. Concrètement, cela revient à utiliser des masques (discrets) dont le support ne contient que quelques pixels au voisinage d'un pixel (x, y) :

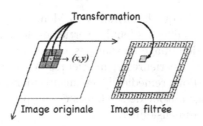

Fig. 3.4 Convolution locale

Le masque du filtre κ est à support inclus dans $[x_1, x_2] \times [y_1, y_2]$:

$$g_{x,y} = (f * \kappa)_{x,y} = \sum_{i=x_1}^{x_2} \sum_{j=y_1}^{y_2} f_{x-i, y-j} \kappa_{i,j}. \qquad (3.2)$$

Généralement, le filtre est de dimensions d_1, d_2 impaires et est symétrique. En effet, l'effet d'un filtre doit être (a priori) isotrope et il ne faut pas privilégier des directions par rapport à d'autres. Dans ce cas

$$[x_1, x_2] = [-\frac{d_1 - 1}{2}, \frac{d_1 - 1}{2}] \quad \text{et} \quad [y_1, y_2] = [-\frac{d_2 - 1}{2}, \frac{d_2 - 1}{2}],$$

$$(f * \kappa)_{x,y} = \sum_{i=-(d_1-1)/2}^{(d_1-1)/2} \sum_{j=-(d_2-1)/2}^{(d_2-1)/2} f_{x+i,y+j}\kappa_{i,j}. \tag{3.3}$$

Donnons un exemple avec $d_1 = d_2 = d = 3$. Ici $x_1 = y_1 = -1$ et $x_2 = y_2 = 1$:

w_1	w_2	w_3	$\leftarrow y-1$
w_4	w_5	w_6	$\leftarrow y$
w_7	w_8	w_9	$\leftarrow y+1$

$$\begin{array}{ccc} \uparrow & \uparrow & \uparrow \\ x-1 & x & x+1 \end{array}$$

Tableau 3.1 Représentation matricielle du filtre en (x,y) - $d_1 = d_2 = 3$

Ici $\kappa(0,0) = w_5$. Sur cet exemple on a précisément

$$\begin{aligned} g_{x,y} = {}& w_1 f_{x-1,y-1} + w_2 f_{x,y-1} + w_3 f_{x+1,y-1} \\ & + w_4 f_{x-1,y} + w_5 f_{x,y} + w_6 f_{x+1,y} \\ & + w_7 f_{x-1,y+1} + w_8 f_{x,y+1} + w_9 f_{x+1,y+1}. \end{aligned}$$

Afin de conserver la moyenne de l'image f (et donc sa luminosité), la somme des éléments du filtre est normalisée à 1 : $\sum_{\ell} w_\ell = 1$.

On constate tout de suite que la formule précédente ne permet pas de filtrer correctement le bord : en effet les bandes verticales de taille $(d_1 - 1)/2$ sur les bords gauche et droit de l'image ne sont pas « atteintes ». De la même façon les bandes horizontales supérieures et inférieures de taille $(d_1 - 1)/2$ ne sont pas traitées non plus. Pour remédier à cet inconvénient, on effectue souvent une réflexion de l'image autour de ses bords ce qui permet de filtrer l'image réfléchie avant de la redimensionner.

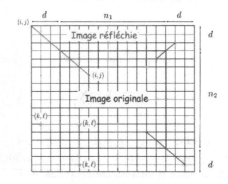

Fig. 3.5 Réflexion d'une image par rapport à ses bords. Ici $(d_1 - 1)/2 = (d_2 - 1)/2 := d$ et la taille de l'image et $n_1 \times n_2$.

Définition 3.2.3 *Un filtre 2D est dit séparable s'il est possible de décomposer le noyau de convolution h_{2D} en deux filtres 1D appliqués successivement en horizontal puis en vertical (ou inversement) :*

$$h_{2D} = h_{1D}^V \otimes h_{1D}^H,$$

où le symbole $\otimes$ désigne le produit tensoriel. Plus précisément, si $U = (u_i)_{i=1,N}$ et $V = (v_i)_{i=1,N}$ sont deux vecteurs lignes de $\mathbb{R}^N$ et U^t est le vecteur (colonne) transposé de U, alors $U \otimes V$ est le produit matriciel $U^t V$:

$$\forall i,j = 1, \cdots N, \qquad (U \otimes V)_{i,j} = U_i V_j \ .$$

On peut alors traiter séparément les lignes et les colonnes de l'image ce qui est un gros avantage pour l'implémentation.

Proposition 3.2.1 *Pour qu'un filtre 2D soit séparable, il faut et il suffit que les coefficients de ses lignes et de ses colonnes soient proportionnels. Plus précisément, un filtre donné par un tableau $N \times M$ dont les coefficients sont $a_{i,j}, 1 \leqslant i \leqslant N, 1 \leqslant j \leqslant M$, est séparable si et seulement si*

$$\forall i = 1, \cdots, N, \ \ \exists C_i^\ell \in \mathbb{R} \ \text{tel que} \ \forall j = 1, \cdots, M, \qquad a_{i,j} = C^\ell a_{1,j},$$

(toutes les lignes sont proportionnelles à la première et donc entre elles) et

$$\forall j = 1, \cdots, M, \ \ \exists C_j^c \in \mathbb{R} \ \text{tel que} \ \forall i = 1, \cdots, N, \qquad a_{i,j} = C_j^c a_{i,1},$$

(même chose pour les colonnes).

Pour une dimension 3×3, les filtres séparables sont obtenus comme suit :

$$\boxed{a\ b\ c} \otimes \boxed{\begin{matrix}\alpha\\\beta\\\gamma\end{matrix}} = \boxed{\begin{matrix}\alpha\\\beta\\\gamma\end{matrix}} \times \boxed{a\ b\ c} = \boxed{\begin{matrix}a\alpha & b\alpha & c\alpha\\ a\beta & b\beta & c\beta \\ a\gamma & b\gamma & c\gamma\end{matrix}}.$$

Exemple 3.2.1 (Filtre de moyenne passe-bas)

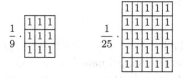

Tableau 3.2 Filtres de moyenne 3×3 et 5×5 respectivement

Nous présentons dans la figure 3.6 l'effet des filtres de moyenne sur une image
bruitée par un bruit gaussien additif, de moyenne nulle et d'écart-type σ. Ce
sont des filtres séparables.

(a) Image originale   (b) Image bruitée (bruit blanc gaussien
                                 $\sigma = 0.1 \simeq 25$ niveaux de gris)

(c) Filtre de moyenne 3 x 3   (d) Filtre de moyenne 5 x 5

Fig. 3.6 Effet d'un filtre de moyenne.

On remarque aussi l'effet de lissage induit par l'opération de convolution
qui régularise les contours en supprimant les sauts de la fonction. En effet, le
contour d'une image est un endroit où le niveau de gris, c'est-à-dire la valeur
de la fonction image, varie brutalement (par exemple de 0 à 255 pour un
contour noir sur blanc). Cela correspond à une discontinuité de la fonction.
Une opération de convolution par un noyau régulier (par exemple continu)
renvoie une fonction continue et donc supprime les discontinuités de l'image

d'origine. Si la valeur de la fonction varie rapidement au voisinage d'un point, le contour qui était très marqué auparavant sera remplacé par un contour plus épais où le passage d'un niveau de gris à l'autre (par exemple du blanc au noir) se fera sur plusieurs pixels avec des niveaux de gris intermédiaires. Cela entraîne un floutage du contour. La figure 3.7 illustre le phénomène.

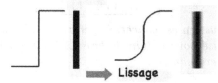

Fig. 3.7 Effet de lissage

Exemple 3.2.2 (Filtre gaussien) *Un filtre gaussien est donné par discrétisation de la fonction gaussienne*

$$G(x,y) = \frac{1}{2\pi\sigma^2}e^{-\frac{x^2+y^2}{2\sigma^2}} ,$$

sur un voisinage de $(0,0)$. Ici σ est l'écart-type et la moyenne est nulle.

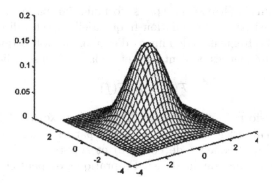

Fig. 3.8 Fonction gaussienne (2D).

Si par exemple $\sigma = 0.8$ on a le filtre 3×3 suivant

$$\begin{array}{|c|c|c|}
\hline
G(-1,-1) & G(0,-1) & G(1,-1) \\
\hline
G(-1,0) & G(0,0) & G(1,0) \\
\hline
G(-1,1) & G(0,1) & G(1,1) \\
\hline
\end{array} \simeq \frac{1}{16} \cdot \begin{array}{|c|c|c|}
\hline
1 & 2 & 1 \\
\hline
2 & 4 & 2 \\
\hline
1 & 2 & 1 \\
\hline
\end{array}$$

et $\sigma = 1$ pour un filtre 5×5 donne environ

$$\frac{1}{300} \cdot \begin{array}{|c|c|c|c|c|} \hline 1 & 4 & 6 & 4 & 1 \\ \hline 4 & 18 & 30 & 18 & 4 \\ \hline 6 & 30 & 48 & 30 & 6 \\ \hline 4 & 18 & 30 & 18 & 4 \\ \hline 1 & 4 & 6 & 4 & 1 \\ \hline \end{array} \; .$$

La taille du filtre gaussien est gouvernée par σ. En général un filtre gaussien avec $\sigma < 1$ est utilisé pour réduire le bruit. Plus σ est grand, plus le flou appliqué à l'image sera important

Les filtres présentés sont des filtres passe-bas : ils atténuent les détails de l'image (et donc le bruit additif) mais, en érodant les contours, ils ajoutent du flou à l'image. Nous verrons dans une section suivante comment atténuer le flou.

3.3 Filtrage fréquentiel (bruit additif)

3.3.1 Filtre passe-bas

On peut définir un filtre linéaire par sa formulation spatiale (comme convolution) mais aussi par sa formulation fréquentielle, c'est-à-dire par la façon dont il modifie les fréquences de l'image d'entrée, via sa fonction de transfert H. En effet les fréquences de l'entrée f et de la sortie g sont liées par

$$\mathcal{F}(g) = H \, \mathcal{F}(f) \; ,$$

où $\mathcal{F}$ est la transformation de Fourier 2D (voir Annexe A.1.3.3).
Le passe-bas *idéal* est le filtre qui ne modifie par les fréquences (λ, μ) telles que $\|(\lambda, \mu)\| \leq \delta_c$ (fréquence de coupure) et supprime les autres. Ici $\| \cdot \|$ désigne une norme quelconque de $\mathbb{R}^2$. En pratique, on peut choisir la norme euclidienne :

$$\|(\lambda, \mu)\|_2 = \sqrt{\lambda^2 + \mu^2}$$

comme dans la figure 3.9, mais aussi

$$\|(\lambda, \mu)\|_1 = |\lambda| + |\mu| \text{ ou } \|(\lambda, \mu)\|_\infty = \max(|\lambda|, |\mu|).$$

En d'autres termes

$$H(\lambda, \mu) = \begin{cases} 1 \text{ si } \|(\lambda, \mu)\| \leqslant \delta_c \\ 0 \text{ sinon} \end{cases}$$

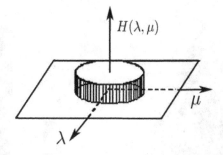

Fig. 3.9 Fonction de transfert *idéale*

Pour des signaux unidimensionnels, la réponse impulsionnelle $h \in L^2(\mathbb{R})$ d'un tel filtre est un sinus cardinal

$$t \mapsto h(t) = \frac{\sin 2\pi \delta_c t}{\pi t} \; .$$

Un tel filtre est dit idéal. En pratique, la convolution par le sinus cardinal provoque des ondulations (effet *Gibbs*) sur l'image filtrée (Voir les figures 3.10 et 3.11)

(a) Image originale   (b) Image filtrée

Fig. 3.10 Application d'un créneau « idéal » ($\delta_c \simeq 15\%$ de la taille de l'image) : on voit les ondulations dues à l'effet Gibbs.

(a) Zoom (coin supérieur droit)- Original

(b) Zoom de l'image filtrée

Fig. 3.11 Zoom sur le coin supérieur droit de la figure précédente : on voit les ondulations et un flou très important

Le filtre passe-bas idéal n'est pas utilisable du fait de la discontinuité de la fonction de transfert qui induit un effet Gibbs important. On fait donc une régularisation de la fonction H précédente qui aura pour effet de supprimer les discontinuités en atténuant (fortement) les hautes fréquences au lieu de les supprimer. Le filtre suivant est le *filtre passe-bas de Butterworth*. La fonction de transfert est alors

$$H(\lambda, \mu) = \cfrac{1}{1 + \left(\cfrac{\|(\lambda, \mu)\|}{\delta_c} \right)^{2n}}$$

où δ_c est encore la fréquence de coupure et n un paramètre qui sert à régler l'approximation.

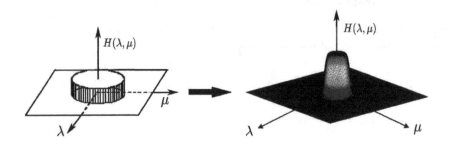

Fig. 3.12 Fonction de transfert de Butterworth ($\delta_c = 0.2$, $n = 5$) - (à gauche la fonction de transfert idéale

En traitement d'image, un filtre passe-bas atténue les hautes fréquences : le résultat obtenu après un tel filtrage est un adoucissement des détails et une réduction du bruit granuleux.

3.3.2 Filtres passe-haut

Le filtre passe-haut idéal est obtenu de manière symétrique au passe-bas comme par exemple dans la figure 3.13

$$H(\lambda,\mu) = \begin{cases} 1 & \text{si } \sqrt{\lambda^2+\mu^2} \geqslant \delta_c \\ 0 & \text{sinon} \end{cases}$$

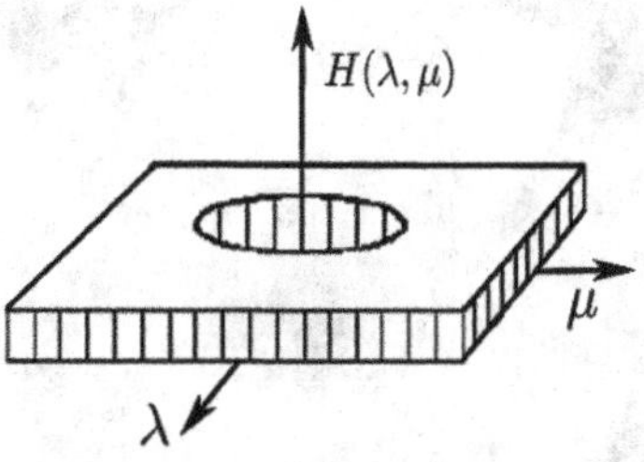

Fig. 3.13 Fonction de transfert du filtre passe-haut idéal avec la norme euclidienne

Le filtre *passe-haut de Butterworth* est donné par

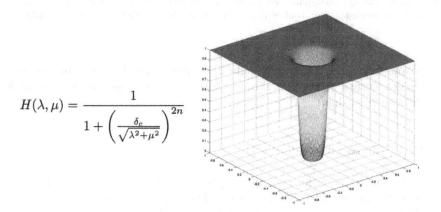

$$H(\lambda,\mu) = \frac{1}{1 + \left(\dfrac{\delta_c}{\sqrt{\lambda^2+\mu^2}} \right)^{2n}}$$

Fig. 3.14 Fonction de transfert du filtre passe-haut de Butterworth ($\delta_c = 0.2$, $n = 5$)

Un filtre passe-haut favorise les hautes fréquences spatiales, comme les détails, et de ce fait, il améliore le contraste. Toutefois, il produit des effets secondaires :
- *augmentation du bruit* : dans les images avec un rapport Signal/ Bruit faible, le filtre augmente le bruit granuleux dans l'image,
- *effet de bord* : il est possible que sur les bords de l'image apparaisse un cadre qui correspond aux effets de bord observés lors de la convolution spatiale. Cet effet peut s'éliminer en faisant une réflexion de quelques pixels de l'image autour de son cadre (Figure 3.5).

(a) Original   (b) Filtrage passe-haut

Fig. 3.15 Filtrage passe-haut avec un filtre de Butterworth ($n = 2$ et $\delta_c \simeq 0.1*$ taille de l'image) sur une image non bruitée (l'image est recadrée pour l'affichage - voir chapitre 2)

Si on filtre une image avec un filtre passe-bas, l'image obtenue par différence entre l'originale et l'image filtrée par le passe-bas correspond à un filtrage passe-haut.

3.3.2.1 Filtres passe-bande

Mentionnons pour finir les filtres passe-bande (et coupe -bande) moins pertinents dans le cadre 2D que le cadre 1D. Ils permettent de ne garder que les fréquences comprises dans un certain intervalle :

$$H(\lambda, \mu) = \begin{cases} 1 \text{ si } \delta_c - \dfrac{\varepsilon}{2} \leqslant \|(\lambda, \mu)\| \leqslant \delta_c + \dfrac{\varepsilon}{2} \\ 0 \text{ sinon} \end{cases}$$

où ε est la largeur de bande et δ_c la fréquence de coupure.

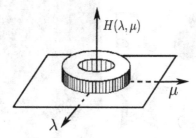

Fig. 3.16   Fonction de transfert d'un filtre passe-bande idéal.

3.4 Filtrage différentiel

Dans les modèles différentiels, on considère l'image comme une fonction $f : \Omega \to [0, 255]$ où Ω est un ouvert de $\mathbb{R}^2$, dont on étudie le comportement local à l'aide de ses dérivées. Une telle étude n'a de sens que si la fonction f est assez régulière. Ce n'est pas toujours le cas ! Par exemple, une image peut être continue par morceaux (comme un damier) et les points de discontinuités sont les points de contours.

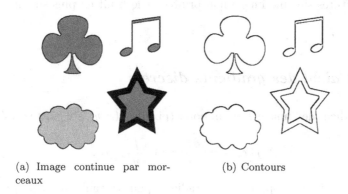

(a) Image continue par morceaux   (b) Contours

Fig. 3.17   Exemple d'images constantes par morceaux

Il y a bien entendu beaucoup d'autres non-régularités dans une image, dues par exemple aux *textures*, au bruit etc.

Fig. 3.18 Exemple d'images texturées

Grâce au plongement dans l'espace « continu » (de dimension infinie), un grand nombre d'opérations d'analyse peuvent s'exprimer en termes d'équations aux dérivées partielles. Ceci permet de donner un fondement mathématique satisfaisant aux traitements et aussi de fournir des méthodes pour les calculer, par des schémas numériques de résolution avant ou après discrétisation.

Les filtres *différentiels* permettent de mettre en évidence certaines variations spatiales de l'image. Ils sont utilisés comme traitements de base dans de nombreuses opérations comme le *rehaussement de contraste* ou la *détection de contours*. Les filtres présentés dans cette section sont essentiellement des filtres passe-haut. Ils permettent d'isoler les détails d'une image (les contours et les textures sur une image non bruitée et le bruit en plus sur une image bruitée).

3.4.1 Calcul des gradients discrets

Le gradient de l'image f en un point (pixel) $M(x, y)$, s'il existe est égal à :

$$\nabla f(x, y) = (\frac{\partial f}{\partial x}(x, y), \frac{\partial f}{\partial y}(x, y)).$$

En pratique, il faut approcher ces gradients pour travailler avec des *gradients discrets* qui correspondent à des taux de variation, calculables même si l'image est discontinue (en particulier au voisinage d'un contour). Les approximations les plus simples des dérivées directionnelles se font par différences finies.

Nous allons préciser ce point dans le cas de la dérivée d'une fonction d'une seule variable : on se donne une fonction f continue sur $[0, L]$ et dérivable sur $]0, L[$. On peut approcher la dérivée de la fonction en des points $x_1, \cdots x_{N-1}$ d'une subdivision (uniforme pour simplifier) de $[0, L]$ de la forme : $x_i = ih$, $i = 0, \cdots, N$ où $h = \frac{L}{N}$ est le pas de la grille. Si N est assez grand h est petit et on peut approcher la dérivée par le taux de variation :

$$\forall i = 1, \cdots, N-1 \qquad f'(x_i) \simeq \frac{f(x_i + h) - f(x_i)}{h} = \frac{N}{L}(f(x_{i+1}) - f(x_i)) \ .$$

C'est ce que nous allons faire en dimension 2 pour calculer les gradients discrets. Toutefois la notion de *taille* de l'image est très relative. En effet, l'image est essentiellement déterminée par le nombre de pixels. La taille *physique*, dépend du support sur lequel on va lire l'image. Une image numérique apparaissant sur un smartphone n'aura pas la même taille, ni la même résolution que la même image projetée sur un écran de cinéma.

Si on considère, par exemple, une image carrée de côté $L = 1$(cm), qui comporte $N \times N$ pixels, le pas de discrétisation est $h = 1/N$: il est donc petit (si N est grand) et la formule d'approximation par le taux de variation est mathématiquement justifiée (car elle est locale). Si on considère la même image sur un support carré de côté $L = N$ (cm), le pas h vaut 1 mais le gradient de l'image n'a pas changé. Comme on ne sait pas quelle sera la taille du support a priori, nous adopterons la convention suivante : l'image est de « taille » $N \times N$ et le pas $h = 1$. Ainsi, on peut définir le gradient discret de l'image par

$$f_x(x,y) = f(x+1,y) - f(x,y) \ , \quad f_y(x,y) = f(x,y+1) - f(x,y) \ ,$$

où (x,y) désigne les coordonnées (entières) du pixel. On peut aussi envisager des différences finies à gauche, centrées, etc. Pour plus de détails on peut se référer à la section 3.4.4 ou à [84].

On peut alors calculer ces gradients à l'aide de convolutions avec des noyaux très simples : par exemple, l'approximation f_x de $\dfrac{\partial f}{\partial x}$ se fait par convolution avec $[0 \ -1 \ 1]$. Ce noyau n'est pas symétrique mais la formule générale de convolution discrète (3.2) donne :

$$f_x(x,y) = \sum_{i=0}^{1} \sum_{j=0}^{1} f(x+i, y+j)\kappa_{i,j} = -f(x,y) + f(x+1,y).$$

De même l'approximation f_y de $\dfrac{\partial f}{\partial y}$ se fait par convolution avec $\begin{bmatrix} 0 \\ -1 \\ 1 \end{bmatrix}$:

$$f_y(x,y) = -f(x,y) + f(x,y+1).$$

0	−1	1	← y
↑	↑	↑	
$x-1$	x	$x+1$	

0	← y − 1
−1	← y
1	← y + 1
↑	
x	

Tableau 3.3 Masques des gradients par rapport à x (gauche) et y (droite)

On utilise plus souvent $[-1\ 0\ 1]$ et $\begin{bmatrix} -1 \\ 0 \\ 1 \end{bmatrix}$ qui produisent des frontières plus épaisses mais qui sont bien centrées. Ces opérations sont très sensibles au bruit et on les combine généralement avec un filtre lisseur dans la direction orthogonale à celle de dérivation, par exemple par le noyau suivant (ou sa transposée) : $[1\ 2\ 1]$. On obtient alors des filtres séparables. Le calcul des dérivées directionnelles en x et y revient finalement à la convolution avec les noyaux suivants :

$$f_x(x,y) = (f * h^x)(x,y) \text{ et } f_y(x,y) = (f * h^y)(x,y)$$

avec

$$h^x = [-1\ 0\ 1] \otimes [1\ 2\ 1]^t = \begin{pmatrix} -1\ 0\ 1 \\ -2\ 0\ 2 \\ -1\ 0\ 1 \end{pmatrix}$$

et

$$h^y = [1\ 2\ 1] \otimes [-1\ 0\ 1]^t = \begin{pmatrix} -1\ -2\ -1 \\ 0\ 0\ 0 \\ 1\ 2\ 1 \end{pmatrix}.$$

Ce sont les *masques de Sobel*. On peut constater dans la figure 3.19 que le gradient discret en x correspond aux contours verticaux et le gradient en y aux contours horizontaux. Cela vient du fait que la première composante x du pixel (x, y) correspond aux colonnes de la matrice représentant l'image et l'indice y aux lignes (voir la figure 1.2 du chapitre 1).

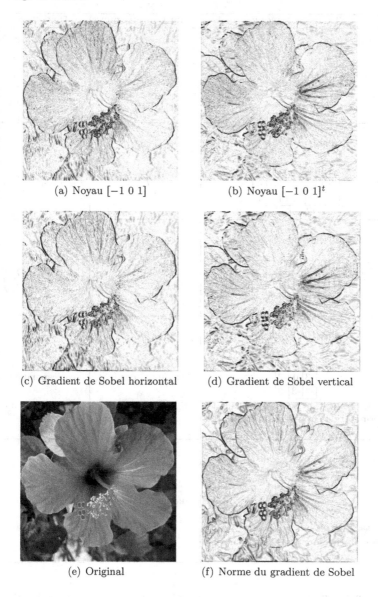

(a) Noyau $[-1\ 0\ 1]$

(b) Noyau $[-1\ 0\ 1]^t$

(c) Gradient de Sobel horizontal

(d) Gradient de Sobel vertical

(e) Original

(f) Norme du gradient de Sobel

Fig. 3.19 Valeur absolue des gradients et des gradients de Sobel (après passage en négatif puis contraste avec la fonction imadjust de MATLAB)

TYPES DE MASQUE	NORME DU GRADIENT	DIRECTION
Masques de Roberts $\begin{array}{cc}\boxed{\begin{array}{cc}-1&0\\0&1\end{array}} & \boxed{\begin{array}{cc}0&-1\\1&0\end{array}}\end{array}$ $G_1,\ G_2$	$A = \sqrt{G_1^2 + G_2^2}$	$\theta = \dfrac{\pi}{4}$ $+ \arctan\left(\dfrac{G_2}{G_1}\right)$
Masques de Sobel $\begin{array}{cc}\boxed{\begin{array}{ccc}-1&0&1\\-2&0&2\\-1&0&1\end{array}} & \boxed{\begin{array}{ccc}-1&-2&-1\\0&0&0\\1&2&1\end{array}}\end{array}$ $G_x,\ G_y$	$A = \sqrt{G_x^2 + G_y^2}$	$\theta = \arctan\left(\dfrac{G_y}{G_x}\right)$
Masques de Prewitt $\begin{array}{cc}\boxed{\begin{array}{ccc}1&0&-1\\1&0&-1\\1&0&-1\end{array}} & \boxed{\begin{array}{ccc}1&1&1\\0&0&0\\-1&-1&-1\end{array}}\end{array}$ $G_x,\ G_y$	$A = \sqrt{G_x^2 + G_y^2}$	$\theta = \arctan\left(\dfrac{G_y}{G_x}\right)$
Masques de Kirsh $\boxed{\begin{array}{ccc}5&5&5\\-3&0&-3\\-3&-3&-3\end{array}}$ + les 7 autres masques obtenus par permutation circulaire des coefficients G_i pour i de 1 à 8	maximum des $|G_i|$	Direction correspondant au G_i sélectionné
Masques de Robinson $\boxed{\begin{array}{ccc}1&1&1\\1&-2&1\\-1&-1&-1\end{array}}$ + les 7 autres masques obtenus par permutation circulaire des coefficients G_i pour i de 1 à 8	maximum des $|G_i|$	Idem

Tableau 3.4 Différents types de masques pour le gradient, sa norme et sa direction

Fig. 3.20 Gradients de Robinson (valeur absolue contrastée) dans 3 directions différentes (voir tableau 3.4)

On remarque que la norme du gradient est un bon détecteur de contour : en effet un contour est un endroit où l'on observe de fortes variations de niveaux de gris, c'est-à-dire des gradients importants. Les points correspondant aux maxima de la norme du gradient sont donc des points appartenant à des contours. Toute la difficulté de la segmentation (c'est-à-dire de la recherche des contours dans une image) est alors de trouver des critères permettant de faire une sélection pertinente parmi ces points.

3.4.2 Approximation de la dérivée seconde

De la même façon, l'approximation par différences finies la plus simple de la dérivée seconde est la convolution par le noyau $[1 \ -2 \ 1]$ pour l'approximation f_{xx} de $\dfrac{\partial^2 f}{\partial x^2}$ et $\begin{bmatrix} 1 \\ -2 \\ 1 \end{bmatrix}$ pour l'approximation f_{yy} de $\dfrac{\partial^2 f}{\partial y^2}$.

Le laplacien $\Delta f = \dfrac{\partial^2 f}{\partial x^2} + \dfrac{\partial^2 f}{\partial y^2}$ peut être approché par l'un opérateurs linéaires suivants :

Laplacien discret - 4	*Laplacien discret - 8*
$\begin{array}{\|c\|c\|c\|} \hline 0 & 1 & 0 \\ \hline 1 & -4 & 1 \\ \hline 0 & 1 & 0 \\ \hline \end{array}$	$\begin{array}{\|c\|c\|c\|} \hline 1 & 1 & 1 \\ \hline 1 & -8 & 1 \\ \hline 1 & 1 & 1 \\ \hline \end{array}$

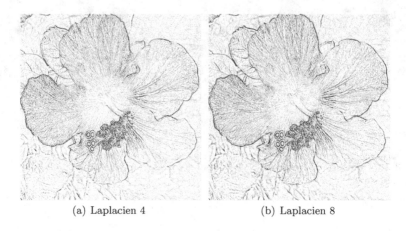

(a) Laplacien 4　　　　　　　　　(b) Laplacien 8

Fig. 3.21 Valeur absolue du laplacien (avec rehaussement de contraste)

3.4.3 Filtrage par équations aux dérivées partielles

3.4.3.1 Equation de la chaleur

Considérons un filtrage gaussien dans le cadre continu. On sait que si l'image de départ est une fonction $u_o \in L^\infty(\Omega)$ à support compact inclus dans $\Omega \subset \mathbb{R}^2$, l'image filtrée est la convolée de u_o avec un noyau gaussien

$$G_\sigma(x) = G_\sigma(x_1, x_2) = \frac{1}{2\pi\sigma^2} \exp\left(-\frac{x_1^2 + x_2^2}{2\sigma^2}\right) = \frac{1}{2\pi\sigma^2} \exp\left(-\frac{\|x\|^2}{2\sigma^2}\right).$$

On pose $u(t,x) = (h(t,\cdot) * u_o)(x)$ où $h(t,x) = G_{\sqrt{2t}}(x) = \frac{1}{4\pi t} \exp\left(-\frac{\|x\|^2}{4t}\right)$.

Comme $h(t,\cdot) \in \mathcal{C}^\infty(\mathbb{R}^2)$ a ses dérivées bornées et $u_o \in L^1(\mathbb{R}^2)$, la convolée $u(t,\cdot)$ est aussi $\mathcal{C}^\infty$ et on peut calculer Δu :

$$\forall t > 0, \forall x \in \mathbb{R}^2 \qquad \Delta u(t,x) = \frac{\partial^2 u}{\partial x_1^2}(t,x) + \frac{\partial^2 u}{\partial x_2^2}(t,x) = (\Delta h(t,\cdot) * u_o)(x).$$

Un rapide calcul montre que

$$\Delta h(t,x) = \left(-\frac{1}{4\pi t^2} + \frac{\|x\|^2}{16\pi t^3}\right) \exp\left(-\frac{\|x\|^2}{4t}\right) = \left(-\frac{1}{t} + \frac{\|x\|^2}{4t^2}\right) h(t,x),$$

et on obtient

$$\Delta u(t,x) = \left(-\frac{1}{t} + \frac{\|x\|^2}{4t^2}\right) u(t,x).$$

D'autre part, pour $t > 0$ on peut dériver directement u par rapport à t :

$$\frac{\partial u}{\partial t}(t,x) = \iint\limits_{\mathbb{R}^2} \frac{\partial h}{\partial t}(t,y)u_o(x-y)dy$$

ce qui donne :

$$\frac{\partial u}{\partial t}(t,x) - \Delta u(t,x) = 0 \text{ sur }]0,t[\times\mathbb{R}^2.$$

D'autre part, avec

$$u(t,x) = \iint\limits_{\mathbb{R}^2} \frac{1}{4\pi t}\exp\left(-\frac{\|y\|^2}{4t}\right)u_o(x-y)dy$$

on obtient

$$\lim_{t\to 0} u(t,x) = \langle\delta_x, u_o\rangle = u_o(x),$$

car la famille de fonctions gaussiennes converge au sens des distributions vers la mesure de Dirac. On obtient alors le résultat suivant

Proposition 3.4.1 *La fonction filtrée* $u(t,\cdot) = h(t,\cdot) * u_o$ *vérifie l'équation aux dérivées partielles suivante (équation de la chaleur) :*

$$\begin{cases} \dfrac{\partial u}{\partial t}(t,x) - \Delta u(t,x) = 0 \ \textit{dans} \ ]0,T[\times\mathbb{R}^2 \\ u(0,x) = u_o(x) \qquad x \in \mathbb{R}^2, \end{cases} \tag{3.4}$$

où u_o *(qui représente l'image) est une fonction à support compact dans* $\overline{\Omega}$ *et* Ω *est un ouvert de* $\mathbb{R}^2$.

On peut étendre cette formulation en imposant que le support de la fonction $u(t,\cdot)$ reste dans Ω. On considère alors l'équation dans $]0,T[\times\Omega$ et on fixe soit des conditions aux limites au bord de Ω, soit des conditions aux limites périodiques en périodisant la fonction u (si le cadre est rectangle par exemple). Habituellement, on impose une condition frontière de Neumann, ce qui donne

$$\begin{cases} \dfrac{\partial u}{\partial t}(t,x) - \Delta u(t,x) = 0 \text{ dans }]0,T[\times\Omega \\ \dfrac{\partial u}{\partial n} = 0 \text{ sur }]0,T[\times\partial\Omega \\ u(0,x) = u_o(x) \qquad x \in \Omega. \end{cases} \tag{3.5}$$

On rappelle que la dérivée normale de u est obtenue en $(t,x) \in]0,T[\times\partial\Omega$ par

$$\frac{\partial u}{\partial n}(t,x) = (\nabla u(t,x), \mathbf{n}_x),$$

où $\mathbf{n}_x$ est le vecteur normal (sortant) à $\partial\Omega$ en x

Suivant le temps d'évolution, on obtient une version plus ou moins lissée de l'image de départ. On peut alors faire une convolution par le noyau $G_{\sqrt{2t}}$ en utilisant une FFT (voir annexe, section A.1.2) pour calculer la solution de l'EDP (3.4). On peut aussi utiliser un schéma aux différences finies pour le calcul de celle de l'EDP (3.5). Nous détaillons cela dans la section 3.4.4 suivante.

3.4.4 Mise en œuvre numérique

La mise en œuvre numérique se fait avec une discrétisation en différences finies, la plupart du temps explicite en raison de la très grande taille des images (et donc des matrices associées). La condition de Neumann est assurée grâce à une réflexion de l'image par rapport à ses bords.

Dans ce qui suit, l'image (discrète) est notée u et sa valeur au pixel (i, j) : $u_{i,j}$. Comme mentionné précédemment, on choisit le pas de discrétisation égal à $h = 1$. On peut discrétiser le gradient de différentes manières (centrée, à droite, à gauche)

$$\delta_x u_{i,j} = \frac{u_{i+1,j} - u_{i-1,j}}{2}, \ \delta_y u_{i,j} = \frac{u_{i,j+1} - u_{i,j-1}}{2}, \qquad (3.6)$$

$$\delta_x^+ u_{i,j} = u_{i+1,j} - u_{i,j}, \ \delta_y^+ u_{i,j} = u_{i,j+1} - u_{i,j},$$

$$\delta_x^- u_{i,j} = u_{i,j} - u_{i-1,j}, \ \delta_y^- u_{i,j} = u_{i,j} - u_{i,j-1}.$$

La norme du gradient peut se calculer par exemple par

$$|\nabla u|_{i,j} = \sqrt{(\delta_x^+ u_{i,j})^2 + (\delta_y^+ u_{i,j})^2}.$$

On rappelle que l'opérateur de divergence est défini par

$$\operatorname{div} \mathbf{p}(x, y) = \frac{\partial p_1}{\partial x}(x, y) + \frac{\partial p_2}{\partial y}(x, y) \ ,$$

pour tout champ $\mathbf{p} = (p_1, p_2)$ de $\mathbb{R}^2$ dans $\mathbb{R}^2$ dérivable. Nous verrons dans la section 4.3.2 du chapitre 4 que l'opérateur de divergence est aussi l'opérateur adjoint du gradient (au signe près).

Si l'opérateur gradient est discrétisé par différences finies à droite (avec $\delta_x^+ u$ et $\delta_y^+ u$), alors une discrétisation possible de la divergence d'un couple $p = (p^1, p^2)$ est donnée par

$$(\operatorname{div} p)_{i,j} = \begin{cases} p_{i,j}^1 - p_{i-1,j}^1 & \text{si } 1 < i < N \\ p_{i,j}^1 & \text{si } i = 1 \\ -p_{i-1,j}^1 & \text{si } i = N \end{cases} + \begin{cases} p_{i,j}^2 - p_{i,j-1}^2 & \text{si } 1 < j < M \\ p_{i,j}^2 & \text{si } j = 1 \\ -p_{i,j-1}^2 & \text{si } j = M \end{cases} \qquad (3.7)$$

avec (N, M) est la taille des images p^1 et p^2. Comme $\Delta f = \operatorname{div} \nabla f$ pour toute fonction deux fois dérivable de $\mathbb{R}^2$ dans $\mathbb{R}$, on peut alors calculer une version discrète du laplacien (ou utiliser les masques de la section 3.4.2).

(a) Image bruitée - bruit gaussien $\sigma =$ 0.1 ($\simeq 25$ niveaux de gris)

(b) Image filtrée

Fig. 3.22 Filtrage par EDP de la chaleur avec pas de temps $dt = 0.2$ et 10 itérations

3.5 Déconvolution (cas d'un flou)

Une autre source de perturbation d'une image est le *flou*. Nous avons vu qu'un filtre de convolution passe-bas permettait d'enlever le bruit additif mais que l'image filtrée était floutée. Cela s'explique par le fait que l'opérateur de convolution est régularisant. L'opérateur de flou est donc souvent modélisé par un produit de convolution, de noyau positif symétrique h (qui est la plupart du temps gaussien). Il n'est pas nécessairement inversible (et même lorsqu'il est inversible, son inverse est souvent numériquement difficile à calculer).

3.5.1 Approche « spatiale » : équation de la chaleur rétrograde (inverse)

Nous avons constaté précédemment que faire une convolution par un noyau gaussien revient à résoudre une équation de la chaleur. Le temps final joue le rôle de l'écart type de la gaussienne. Pour faire l'opération inverse, la déconvolution on peut donc imaginer de résoudre une équation de la chaleur

« rétrograde » en partant de l'état « final » qui est l'image floutée et en
ajustant le temps final au rapport signal sur bruit.

$$\begin{cases} \dfrac{\partial u}{\partial t}(t,x) + \Delta u(t,x) = 0 \text{ dans }]0,T[\times\Omega \\ u(T,x) = u_o(x) \qquad \forall x \in \Omega \end{cases} \tag{3.8}$$

(a) Original   (b) Image floutée

(c) Itération 5   (d) Itération 6

Fig. 3.23 Déconvolution par équation de la chaleur inverse : $dt = 0.5$

Cette équation est notoirement mal posée (on ne peut assurer ni l'existence
d'une solution, ni la stabilité d'un schéma numérique) et il convient de ne
faire qu'un petit nombre d'itérations.

(a) Itération 5	(b) Itération 10

Fig. 3.24 Déconvolution par équation de la chaleur inverse : $dt = 0.5$

3.5.2 Filtre inverse et algorithme de Van Cittert

L'algorithme de Van Cittert repose sur la formulation fréquentielle d'une convolution. Supposons que h soit l'opérateur de flou (inconnu ou donné par étalonnage des appareils de mesure) et qu'on ne prenne pas en compte le bruit. L'image floutée f vérifie $f = h * u$, où u est l'image originale (qu'on veut retrouver). Une formulation équivalente est $\hat{f} = \hat{h}\hat{u}$ c'est-à-dire $\hat{u} = \dfrac{\hat{f}}{\hat{h}}$ où $\hat{f}$ désigne la transformée de Fourier de f (Annexe A.1.3). Le filtre *inverse* est le plus simple des filtres. Dans certaines conditions, il peut donner de très bons résultats. Il consiste donc à calculer $1/\hat{h}$ et à l'appliquer à l'image floutée. C'est le meilleur filtre pour déconvoluer une image non bruitée. Toutefois il n'est pas toujours possible de calculer $1/\hat{h}$ car $\hat{h}$ peut s'annuler. Une alternative est l'algorithme de Van Cittert.

Posons $\hat{g} = 1 - \hat{h}$ de sorte que *formellement* on obtient

$$\hat{u} = \frac{\hat{f}}{1 - \hat{g}} = \left(\sum_{k=0}^{+\infty} \hat{g}^k \right) \hat{f}.$$

Si on pose $u_o = f$ et $\hat{u}_n = \left(\displaystyle\sum_{k=0}^{n} \hat{g}^k \right) \hat{f}$ pour tout $n \geqslant 1$ on obtient

$$\hat{u}_{n+1} = \hat{f} + \hat{g}\hat{u}_n = \hat{f} + (1 - \hat{h})\hat{u}_n,$$

ou de manière équivalente

$$u_{n+1} = f + u_n - h * u_n.$$

(a) Image floue   (b) Itération 3

Fig. 3.25 Déconvolution par algorithme de Van Cittert : h est un masque gaussien de taille 9 et d'écart-type $\sigma = 4$ (connu)

La principale difficulté dans l'utilisation de cet algorithme est le choix a priori du filtre h.

Le filtre inverse est une technique très utile pour la déconvolution mais il ne prend pas en compte le bruit. Si f est une image floutée **et** bruitée : $f = h*u+b$, où u est l'image originale à restaurer et b un bruit blanc gaussien, le passage à un filtre inverse donne $\hat{u} = \dfrac{\hat{f}}{\hat{h}} - \dfrac{\hat{b}}{\hat{h}}$. Le bruit blanc chargeant uniformément les fréquences on a $\hat{b} \simeq 1$ et si h est un filtre passe- bas $\hat{h} \simeq 0$ au voisinage de l'infini (c'est-à-dire au dessus d'une fréquence de coupure λ_c). Il s'ensuit que le filtrage est efficace dans une bande de fréquences inférieures à λ_c mais que le bruit est amplifié au delà.

Pour traiter des images à la fois floutées et bruitées on préfère utiliser le filtre de Wiener (voir section 4.5.1).

Chapitre 4
Débruitage par méthodes non linéaires

Les filtres vus dans la section précédente sont des filtres linéaires. Nous présentons dans ce chapitre d'autres méthodes de filtrage essentiellement non linéaires.

4.1 Filtre médian

Nous commençons par le filtre non linéaire le plus populaire, à savoir le filtre *médian*. C'est un filtre non linéaire et ce n'est donc pas un filtre de convolution. Il est souvent « mal » employé. En effet, il est utile pour contrer l'effet « Poivre et Sel » (P&S) c'est-à-dire des faux « 0 » et « 255 » dans l'image, associé à un bruit impulsionnel. Il n'est donc pas aussi efficace sur un bruit additif gaussien (par exemple) qu'un filtre de convolution (gaussien ou moyenne).

(a) Original   (b) Original bruité

Fig. 4.1 Image bruitée par un bruit « Poivre et Sel »

© Springer-Verlag Berlin Heidelberg 2015
M. Bergounioux, *Introduction au traitement mathématique des images - méthodes déterministes*, Mathématiques et Applications 76, DOI 10.1007/978-3-662-46539-4_4

(a) Filtre médian - taille 3   (b) Filtre moyenne - taille 3

(c) Filtre médian - taille 5   (d) Filtre moyenne - taille 5

(e) Filtre médian - taille 7   (f) Filtre moyenne - taille 7

Fig. 4.2 Comparaison des filtres médian et moyenne.

En effet un filtre de convolution affecte au pixel traité un barycentre des valeurs des niveaux de gris des pixels situés dans un voisinage. Un pixel dont le niveau de gris est très différent des autres va donc affecter le résultat de la convolution. On préfère, dans ce cas remplacer la valeur du pixel par la valeur médiane et non la valeur moyenne (par exemple).

$$g(x, y) = \text{médiane}\{f(n, m) \mid (n, m) \in S(x, y) \},$$

où $S(x, y)$ est un voisinage de (x, y).

bruit
↓

30	10	20
10	250	25
20	25	30

$\rightarrow$ 10 10 20 20   25   25 30 30 250

↑
médiane

Si le bruit P&S recouvre plus de la moitié de la dimension du filtre, le filtrage est inefficace. La localisation du bruit étant aléatoire il convient de prendre un voisinage suffisamment grand. La figure 4.2 compare l'effet d'un filtre médian et d'un filtre moyenne de même taille sur l'image bruitée avec un bruit impulsionnel.

4.2 Filtrage par EDP non linéaire : le modèle de Perona-Malik

Pour améliorer les résultats de filtrage obtenus par l'EDP de la chaleur (chapitre 3 - section 3.4.3.1), Perona et Malik [80] ont proposé de modifier l'équation en y intégrant un processus de détection des bords :

$$\begin{cases} \dfrac{\partial u}{\partial t}(t, x) = \text{ div } (c(|\nabla u|)\nabla u)(t, x) \text{ dans }]0, T[\times \Omega \\ \dfrac{\partial u}{\partial n} = 0 \text{ sur }]0, T[\times \partial\Omega \\ u(0, x) = u_o(x) \qquad \forall x \in \Omega \end{cases} \qquad (4.1)$$

où c est une fonction décroissante de $\mathbb{R}^+$ dans $\mathbb{R}^+$.

Si $c = 1$, on retrouve l'équation de la chaleur. On impose souvent $\lim\limits_{t \to +\infty} c(t) = 0$ et $c(0) = 1$. Ainsi, dans les régions de faible gradient, l'équation agit essentiellement comme l'EDP de la chaleur, et dans les régions de fort gradient, la régularisation est stoppée ce qui permet de préserver les bords. Un exemple d'une telle fonction c est :

$$c(t) = \frac{1}{\sqrt{1 + (t/\alpha)^2}} \quad \text{ou } c(t) = \frac{1}{1 + (t/\alpha)^2} \text{ où } \alpha > 0. \qquad (4.2)$$

(a) Image originale　　　　　　(b) Image bruitée $\sigma \simeq 0.1$ ($\simeq$ 25 niveaux de gris)

(c) Filtrage par EDP de la chaleur　　(d) Filtrage avec le modèle de Perona-Malik

Fig. 4.3 Filtrage par EDP de la chaleur avec pas de temps $dt = 0.2$ et 10 itérations et modèle de Peronna-Malik avec $dt = 0.3$, $\alpha = 1$ et 10 itérations

4.3 Méthodes variationnelles

Les méthodes variationnelles proposent de minimiser le bruit tout en ajoutant des a priori sur l'image recherchée. Nous allons préciser cette idée : nous nous plaçons maintenant dans un cadre continu (dimension infinie), et nous effectuerons une discrétisation ensuite.

Etant donnée une image originale u_0, on suppose qu'elle a été dégradée par un bruit additif v, et éventuellement par un opérateur R de flou. Un tel opérateur est souvent modélisé par un produit de convolution. A partir de l'image observée $u_d = Ru_0 + v$ (qui est donc une version dégradée de l'image originale u_0), on cherche à reconstruire u_0. Si on suppose que le bruit additif v est gaussien, la méthode du Maximum de Vraisemblance nous conduit à chercher u_0 comme solution du problème de minimisation

$$\inf_u \|u_d - Ru\|_2^2,$$

où $\| \cdot \|_2$ désigne la norme dans L^2. Il s'agit d'un problème inverse *mal posé* : l'opérateur n'est pas nécessairement inversible (et même lorsqu'il est inversible, son inverse est souvent numériquement difficile à calculer). En d'autres termes, l'existence et/ou l'unicité de solutions n'est pas assurée et si c'est le cas, la solution n'est pas stable (continue par rapport aux données). Pour le résoudre numériquement, on est amené à introduire un terme de régularisation (a priori sur l'image), et à considérer le problème

$$\inf_u \underbrace{\|u_d - Ru\|_2^2}_{\text{ajustement aux données}} + \underbrace{L(u)}_{\text{Régularisation}}.$$

Dans ce qui suit, nous ne considérerons que le cas où est R est l'opérateur identité ($Ru = u$). Commençons par un procédé de régularisation classique : celui de Tychonov.

4.3.1 Régularisation de Tychonov

C'est un procédé de régularisation très classique mais toutefois trop sommaire dans le cadre du traitement d'image. Nous le présentons sur un exemple.

Soit $V = H^1(\Omega)$ et $H = L^2(\Omega)$: ce sont des espaces de Sobolev (voir annexe A.5). On considère le problème de minimisation originel (ajustement aux données) :

$$(\mathcal{P}) \qquad \min_{u \in V} \|u - u_d\|_H^2,$$

où u_d est l'image observée.

Dans ce qui suit, on note $\langle \cdot, \cdot \rangle$ le crochet de dualité entre V et V' (produit scalaire si on identifie V et son dual V') et $\| \cdot \|_V$, $\| \cdot \|_H$ les normes de V et H respectivement (voir annexe A.3.1).

On voit sur l'exemple suivant que la fonctionnelle $u \mapsto \mathcal{N}_0(u) = \|u - u_d\|_H^2$ n'est pas coercive (Définition 1.3.5) sur V. En effet, soient

$$\Omega =]0,1[, \ u_n(x) = x^n, \ u_d = 0.$$

On voit que $\|u_n\|_2 = \dfrac{1}{\sqrt{2n}}$, $\|u'_n\|_2 = \dfrac{n}{\sqrt{2n-1}}$. On a donc

$$\lim_{n \to +\infty} \|u_n\|_V = +\infty \text{ et } \lim_{n \to +\infty} \mathcal{N}_0(u_n) = 0.$$

Il n'est donc même pas clair (a priori) que le problème $(\mathcal{P})$ ait une solution. On introduit alors le problème régularisé suivant (dont la fonctionnelle coût est maintenant coercive sur V) : pour tout $\alpha > 0$

$$(\mathcal{P}_\alpha) \qquad \min_{u \in V} \|u - u_d\|_H^2 + \alpha \|\nabla u\|_H^2.$$

On veut non seulement ajuster u à la donnée u_d, mais imposer également que le gradient soit « assez petit » (cela dépend du paramètre α). On peut d'ores et déjà intuiter qu'une solution sera régulière (dans l'espace V) et aura de faibles variations et donc des contours peu marqués. Nous allons préciser cela.

Proposition 4.3.1 *Le problème $(\mathcal{P}_\alpha)$ admet une solution unique u_α pour tout $\alpha > 0$.*
De plus, si on suppose que $(\mathcal{P})$ admet au moins une solution, alors on peut extraire de la famille (u_α), une sous-suite qui converge (faiblement) dans V vers une solution u^* de $(\mathcal{P})$ lorsque $\alpha \to 0$.

Preuve. Le problème $(\mathcal{P}_\alpha)$ admet une solution unique u_α car la fonctionnelle

$$u \mapsto \mathcal{N}_\alpha(u) = \|u - u_d\|_H^2 + \alpha \|\nabla u\|_H^2,$$

est coercive, continue de V dans $\mathbb{R}$ et strictement convexe (c'est la norme de V à une partie affine près) (Théorème 1.3.10, annexe A.3.4).
Montrons maintenant que la famille $(u_\alpha)_{0 < \alpha \leqslant \alpha_0}$ est bornée dans V uniformément par rapport à $\alpha \leqslant \alpha_0$ (où $\alpha_0 > 0$ est fixé arbitrairement).

$$\forall u \in V \qquad \mathcal{N}_\alpha(u_\alpha) \leqslant \mathcal{N}_\alpha(u).$$

On a supposé que $(\mathcal{P})$ possède au moins une solution $\tilde{u}$. Donc

$$\underbrace{\mathcal{N}(\tilde{u}) \leqslant \mathcal{N}(u_\alpha)}_{\tilde{u} \text{ solution de } (\mathcal{P})} \leqslant \underbrace{\mathcal{N}_\alpha(u_\alpha) = \mathcal{N}_0(u_\alpha) + \alpha \|\nabla u_\alpha\|_H^2 \leqslant \mathcal{N}_\alpha(\tilde{u})}_{u_\alpha \text{ solution de } (\mathcal{P}_\alpha)}$$

$$= \mathcal{N}_0(\tilde{u}) + \alpha \|\nabla \tilde{u}\|_H^2. \tag{4.3}$$

Par conséquent, pour tout $\alpha \leqslant \alpha_o$, $\mathcal{N}_\alpha(u_\alpha)$ est borné indépendamment de α. Ceci entraîne que la famille $(u_\alpha)_{0 < \alpha \leqslant \alpha_o}$ est bornée dans H. De plus, avec la relation (4.3) on a aussi

$$\alpha \|\nabla u_\alpha\|_H^2 \leqslant \mathcal{N}_0(\tilde{u}) + \alpha \|\nabla \tilde{u}\|_H^2 - \mathcal{N}_0(u_\alpha) \leqslant \mathcal{N}_0(\tilde{u}) + \alpha \|\nabla \tilde{u}\|_H^2 - \mathcal{N}_0(\tilde{u}) = \alpha \|\nabla \tilde{u}\|_H^2 .$$

Par conséquent la famille $(u_\alpha)_{0 < \alpha \leqslant \alpha_o}$ est également bornée dans V et on peut donc en extraire une sous-suite qui converge (faiblement) dans V vers u^* (théorème 1.3.6, annexe A.3.1). D'autre part l'équation (4.3) montre que

$$\lim_{\alpha \to 0} \mathcal{N}_\alpha(u_\alpha) = \mathcal{N}_0(\tilde{u}) = \inf(\mathcal{P}).$$

Par semi-continuité inférieure de $\mathcal{N}_0$ il vient (corollaire 1.3.1)

$$\mathcal{N}_0(u^*) \leqslant \liminf_{\alpha \to 0} \mathcal{N}_0(u_\alpha) = \liminf_{\alpha \to 0} \mathcal{N}_\alpha(u_\alpha) \leqslant \inf(\mathcal{P}).$$

Par conséquent u^* est une solution de $(\mathcal{P})$. $\qquad \square$

Cherchons maintenant le moyen de calculer u_α. Comme la fonctionnelle est strictement convexe, une condition nécessaire et suffisante d'optimalité est

$$\nabla \mathcal{N}_\alpha(u_\alpha) = 0.$$

Un calcul assez standard montre que

$$\forall u \in V \quad \frac{1}{2}\langle \nabla \mathcal{N}_\alpha(u_\alpha), u \rangle = \int_\Omega (u_\alpha - u_d)(x)u(x)dx + \alpha \int_\Omega \nabla u_\alpha(x)\nabla u(x)dx$$

$$= \int_\Omega (u_\alpha - u_d - \alpha \Delta u_\alpha)(x)u(x)dx.$$

Par conséquent l'équation d'Euler qui fournit la solution u_α est la suivante :

$$u_\alpha - u_d - \alpha \Delta u_\alpha = 0, \ u_\alpha \in H^1(\Omega).$$

On peut se contenter d'approcher la solution u_α en écrivant la formulation dynamique

$$\frac{\partial u}{\partial t} - \alpha \Delta u + u = u_d,$$

couplée à des conditions aux limites de Dirichlet (on peut prendre $V = H^1_0(\Omega)$) et une condition initiale ad-hoc.

Remarque 4.3.1 *L'approche dynamique revient ici à calculer une suite minimisante par une méthode de descente de gradient : en effet, l'algorithme du gradient à pas constant donne*

$$\frac{u_{t+\delta t} - u_t}{\delta_t} = -\nabla \mathcal{N}_\alpha(u_t);$$

Par passage à la limite quand $\delta t \to 0$, on obtient

$$\frac{\partial u}{\partial t} = -\nabla \mathcal{N}_\alpha(u) = \alpha \Delta u - u + u_d.$$

Le terme de régularisation classique $L(u) := \|\nabla u\|^2_2$ (régularisation de Tychonov) n'est pas adapté au problème de restauration d'images : l'image restaurée u est alors beaucoup trop lissée car le Laplacien est un opérateur de diffusion isotrope. En particulier, les bords sont érodés. Une approche beaucoup plus efficace consiste à considérer la variation totale, c'est à dire à prendre $L(u) = \int |Du|$. Nous allons préciser la définition dans la section suivante.

Cela conduit à une minimisation de fonctionnelle dans un espace de Banach particulier, mais bien adapté au problème : l'espace des fonctions à variation bornée : $BV(\Omega)$ (voir Annexe A.6).

4.3.2 Le modèle continu de Rudin-Osher-Fatemi

4.3.2.1 Heuristique

Nous allons tout d'abord motiver le modèle qui suit. Dans le cadre discret, il consiste à remplacer le carré de la norme du gradient de l'image par la norme (à la puissance 1). Le modèle continu que nous présentons dans la sous-section suivante est la formalisation mathématique rigoureuse du changement de norme dans le terme de régularisation.

Rappelons que nous souhaitons débruiter tout en conservant les contours de l'image c'est-à-dire les discontinuités de la fonction décrivant l'image. Plaçons nous dans le cas unidimensionnel, par exemple en prenant une coupe de l'image ci dessous.

Fig. 4.4 Image test originale et image lissée

Le contour noir/blanc correspond à la discontinuité sur l'image originale. Sur l'image lissée la discontinuité est régularisée par une fonction affine. Le gradient de l'image étant la quantité décrivant les contours, le choix du terme de régularisation se fait en prenant une primitive. On voit alors que la norme (en 1D la valeur absolue) est préférable au choix de la norme au carré (en 1D la fonction $x \mapsto x^2$).

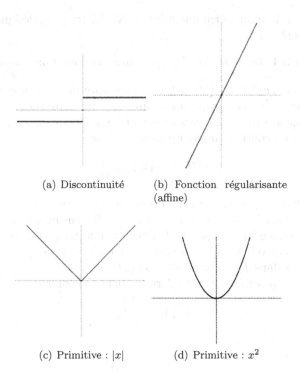

(a) Discontinuité   (b) Fonction régularisante (affine)

(c) Primitive : $|x|$ (d) Primitive : x^2

Fig. 4.5 Régularisation $\|x\|$ versus $\|x\|^2$

4.3.2.2 Présentation

Une alternative à la régularisation de Tychonov (qui est trop brutale) consiste donc à remplacer le terme de régularisation $\|\nabla u\|_2^2$ (qui est en réalité une pénalisation par une norme H_0^1), par une norme moins contraignante et régularisante. Rudin, Osher et Fatemi [76] ont proposé un modèle où l'image est décomposée en deux parties : $u_d = u + v$ où v est le bruit et u la partie *régulière*. On va donc a priori chercher la solution du problème sous la forme $u + v$ avec $u \in BV(\Omega)$ et $v \in L^2(\Omega)$. Cela conduit à :

$$(\mathcal{P}_{ROF}) \qquad \min\left\{ \frac{1}{2}\|v\|_2^2 + \varepsilon\Phi(u) \mid u \in BV(\Omega),\ v \in L^2(\Omega),\ u + v = u_d \right\}.$$

Ici le terme de régularisation est $\Phi(u)$ la variation totale de u et $\varepsilon > 0$. Les définitions de la variation totale et de l'espace $BV(\Omega)$ sont en annexe A.6 p. 207.

Notons que lorsque la fonction u est dans

$$W^{1,1}(\Omega) = \{\, u \in L^1(\Omega) \mid \nabla u \in L^1(\Omega) \,\}(\subset BV(\Omega)),$$

la variation totale n'est autre que $\Phi(u) = \|\nabla u\|_1$. Ici $\| \cdot \|_p$ désigne la norme usuelle de $L^p(\Omega)$.

Théorème 4.3.1 *Le problème $(\mathcal{P}_{ROF})$ admet une solution unique.*

Preuve. Soit $(u_n, v_n) \in BV(\Omega) \times L^2(\Omega)$ une suite minimisante. Comme v_n est bornée dans $L^2(\Omega)$ on peut en extraire une sous-suite (notée de la même façon) faiblement convergente vers v^* dans $L^2(\Omega)$. Comme la norme de $L^2(\Omega)$ est convexe, semi-continue inférieurement, il vient

$$\|v^*\|_2^2 \leqslant \liminf_{n \to +\infty} \|v_n\|_2^2.$$

De la même façon $u_n = u_d - v_n$ est bornée dans $L^2(\Omega)$ et donc dans $L^1(\Omega)$ puisque Ω est borné. Comme $\Phi(u_n)$ est borné, il s'ensuit que u_n est bornée dans $BV(\Omega)$. Grâce à la compacité de l'injection de $BV(\Omega)$ dans $L^1(\Omega)$ (voir Théorème 1.6.6 et/ou [6, 78]), cela entraîne que u_n converge (à une sous-suite près) fortement dans $L^1(\Omega)$ vers $u^* \in BV(\Omega)$.

D'autre part Φ est semi-continue inférieurement (Théorème 1.6.3), donc

$$\Phi(u^*) \leqslant \liminf_{n \to +\infty} \Phi(u_n),$$

et finalement

$$\Phi(u^*) + \frac{1}{2\varepsilon}\|v^*\|_2^2 \leqslant \liminf_{n \to +\infty} \Phi(u_n) + \frac{1}{2\varepsilon}\|v_n\|_2^2 = \inf(\mathcal{P}_{ROF}).$$

Comme $u_n + v_n = u_d$ pour tout n, on a $u^* + v^* = u_d$. Par conséquent u^* est une solution du problème $(\mathcal{P}_{ROF})$.

La fonctionnelle est strictement convexe par rapport au couple (u, v) et la contrainte est affine. On a donc unicité. $\square$

Nous aurons besoin d'établir des conditions d'optimalité pour la ou les solutions optimales des modèles proposés. Toutefois les fonctionnelles considérées (en particulier Φ) ne sont en général pas Gâteaux-différentiables et nous devons utiliser des notions d'analyse non lisse (voir annexe A.4).

4.3.2.3 Condition d'optimalité du premier ordre

Le problème $(\mathcal{P}_{ROF})$ peut s'écrire de la manière (équivalente) suivante

$$\min_{u \in BV(\Omega)} \mathcal{F}(u) := \Phi(u) + \frac{1}{2\varepsilon}\|u - u_d\|_2^2. \tag{4.4}$$

La fonctionnelle $\mathcal{F}$ est convexe et $\bar{u}$ est solution de $(\mathcal{P}_{ROF})$ si et seulement si $0 \in \partial\mathcal{F}(\bar{u})$. La relation : $0 \in \partial\mathcal{F}(\bar{u}) \iff \bar{u} \in \partial\mathcal{F}^*(0)$, est vraie même si l'espace n'est pas réflexif (voir Corollaire 1.4.3 et/ou [6] Théorème 9.5.1

p. 333). Ici $\mathcal{F}^*$ désigne la conjuguée de Fenchel de $\mathcal{F}$ (la définition et les propriétés de cette conjuguée sont données en annexe, section A.4.3.1).

On peut utiliser le Théorème 1.4.4 pour calculer $\partial\mathcal{F}(u)$. L'application $u \mapsto \|u - u_d\|_2^2$ est continue sur $L^2(\Omega)$ et Φ est (convexe) à valeurs dans $\mathbb{R} \cup \{+\infty\}$ et finie sur $BV(\Omega)$. D'autre part $u \mapsto \|u - u_d\|_2^2$ est Gâteaux-différentiable sur $L^2(\Omega)$. Comme nous allons utiliser la dualité (convexe) nous devons dans un premier temps calculer la conjuguée de Legendre-Fenchel de Φ.

Théorème 4.3.2 *La transformée de Legendre-Fenchel Φ^* de la variation totale Φ est l'indicatrice de l'adhérence (dans $L^2(\Omega)$) de l'ensemble $\mathcal{K}$, où*

$$\mathcal{K} := \left\{ \xi = \mathrm{div}\varphi \mid \varphi \in \mathcal{C}_c^1(\Omega, \mathbb{R}^2), \ \|\varphi\|_\infty \leqslant 1 \right\}.$$

Preuve. La définition de l'indicatrice est donnée en annexe A.4.3 p. 200. Comme Φ est positivement homogène la conjuguée Φ^* de Φ est l'indicatrice d'un ensemble convexe $\tilde{\mathcal{K}}$ fermé dans le dual de $BV(\Omega)$ (Proposition 1.4.3). Comme $L^2(\Omega)$ s'injecte continûment dans $BV(\Omega)$ (Théorème 1.6.7), le dual de $BV(\Omega)$ s'injecte continûment dans $L^2(\Omega)$ (espace pivot). Donc $\tilde{\mathcal{K}}$ est fermé dans $L^2(\Omega)$.

Montrons d'abord que $\mathcal{K} \subset \tilde{\mathcal{K}}$: soit $u \in \mathcal{K}$. Par définition de Φ

$$\Phi(u) = \sup_{\xi \in \mathcal{K}} \langle \xi, u \rangle, \tag{4.5}$$

où $\langle \cdot, \cdot \rangle$ désigne le produit scalaire de $L^2(\Omega)$. Par conséquent $\langle \xi, u \rangle - \Phi(u) \leqslant 0$ pour tous $\xi \in \mathcal{K}$ et $u \in L^2(\Omega)$ (Notons que si $u \in L^2(\Omega) \backslash BV(\Omega)$ alors $\Phi(u) = +\infty$ par définition de $BV(\Omega)$). On déduit donc que pour tout $u^* \in \mathcal{K}$

$$\Phi^*(u^*) = \sup_{u \in L^2(\Omega)} \langle u^*, u \rangle - \Phi(u) = \sup_{u \in BV(\Omega)} \langle u^*, u \rangle - \Phi(u) \leqslant 0.$$

Comme Φ^* ne prend qu'une seule valeur finie on a $\Phi^*(u^*) = 0$, et donc $u^* \in \tilde{\mathcal{K}}$. Par conséquent $\mathcal{K} \subset \tilde{\mathcal{K}}$ et comme $\tilde{\mathcal{K}}$ est fermé :

$$\bar{\mathcal{K}} \subset \tilde{\mathcal{K}}.$$

En particulier

$$\Phi(u) = \sup_{\xi \in \mathcal{K}} \langle u, \xi \rangle \leqslant \sup_{\xi \in \bar{\mathcal{K}}} \langle u, \xi \rangle \leqslant \sup_{\xi \in \tilde{\mathcal{K}}} \langle u, \xi \rangle = \sup_{\xi \in \tilde{\mathcal{K}}} \langle u, \xi \rangle - \Phi^*(\xi) = \Phi^{**}(u).$$

Comme $\Phi^{**} = \Phi$, il vient

$$\sup_{\xi \in \mathcal{K}} \langle u, \xi \rangle \leqslant \sup_{\xi \in \bar{\mathcal{K}}} \langle u, \xi \rangle \leqslant \sup_{\xi \in \tilde{\mathcal{K}}} \langle u, \xi \rangle,$$

et donc

$$\sup_{\xi \in \mathcal{K}} \langle u, \xi \rangle = \sup_{\xi \in \bar{\mathcal{K}}} \langle u, \xi \rangle = \sup_{\xi \in \tilde{\mathcal{K}}} \langle u, \xi \rangle. \tag{4.6}$$

Supposons maintenant qu'il existe $u^* \in \tilde{\mathcal{K}}$ tel que $u^* \notin \bar{\mathcal{K}}$. On peut alors séparer strictement u^* et le convexe fermé $\bar{\mathcal{K}}$. Il existe $\alpha \in \mathbb{R}$ et u_o tels que

$$\langle u_o, u^* \rangle > \alpha \geqslant \sup_{v \in \bar{\mathcal{K}}} \langle u_o, v \rangle.$$

D'après (4.6) il vient

$$\sup_{\xi \in \tilde{\mathcal{K}}} \langle u_o, \xi \rangle \geqslant \langle u_o, u^* \rangle > \alpha \geqslant \sup_{v \in \bar{\mathcal{K}}} \langle u_o, v \rangle = \sup_{v \in \tilde{\mathcal{K}}} \langle u_o, v \rangle.$$

On a donc une contradiction : $\tilde{\mathcal{K}} = \bar{\mathcal{K}}$.   □

D'après la définition du sous-différentiel (voir annexe, Définition 1.4.3, p.199), u est une solution de $(\mathcal{P}_{ROF})$ si et seulement si

$$0 \in \partial \left(\Phi(u) + \frac{1}{2\varepsilon} \|u - u_d\|_2^2 \right) = \frac{u - u_d}{\varepsilon} + \partial \Phi(u).$$

Comme Φ est convexe, semi-continue inférieurement et propre on peut appliquer le corollaire 1.4.3. Donc

$$\frac{u_d - u}{\varepsilon} \in \partial \Phi(u) \iff u \in \partial \Phi^*\left(\frac{u_d - u}{\varepsilon}\right) \iff 0 \in -u + \partial \Phi^*\left(\frac{u_d - u}{\varepsilon}\right).$$

Nous voulons appliquer la proposition 1.4.1 qui fait intervenir la notion de projection qui n'est définie que dans le cadre hilbertien. Nous allons donc calculer $\partial \Phi^*(u)$ une fois le problème discrétisé : le cadre fonctionnel est alors hilbertien, puisque que l'espace de travail est de dimension finie.

4.3.3 Modèle discret de Rudin-Osher-Fatemi

On va maintenant considérer des images *discrètes* (ce qui est le cas en pratique). Une image discrète est un tableau $N \times M$ que nous identifierons à une vecteur de taille NM (par exemple en la rangeant ligne par ligne). On note X l'espace euclidien $\mathbb{R}^{N \times M}$ et $Y = X \times X$. On munit X du produit scalaire usuel

$$\langle u, v \rangle_X = \sum_{1 \leqslant i \leqslant N} \sum_{1 \leqslant j \leqslant M} u_{ij} v_{ij},$$

et de la norme associée : $\| \cdot \|_X$.

Nous allons donner une formulation discrète de ce qui a été fait auparavant et en particulier définir une variation totale discrète que nous noterons J. Pour cela nous introduisons une version discrète de l'opérateur gradient. Si $u \in X$, le gradient ∇u est un vecteur de Y donné par

$$(\nabla u)_{i,j} = ((\nabla u)_{i,j}^1, (\nabla u)_{i,j}^2),$$

avec

$$(\nabla u)^1_{i,j} = \begin{cases} u_{i+1,j} - u_{i,j} \text{ si } i < N \\ 0 \qquad\qquad \text{ si } i = N \end{cases}, (\nabla u)^2_{i,j} = \begin{cases} u_{i,j+1} - u_{i,j} \text{ si } j < M \\ 0 \qquad\qquad \text{ si } j = M \end{cases} \quad (4.7)$$

La variation totale discrète est alors donnée par la norme ℓ^1 du gradient discret :

$$J(u) = \sum_{1 \leqslant i \leqslant N} \sum_{1 \leqslant j \leqslant M} |(\nabla u)_{i,j}|_2, \qquad (4.8)$$

où $|(\nabla u)_{i,j}|_2 = \sqrt{|(\nabla u)^1_{i,j}|^2 + |(\nabla u)^2_{i,j}|^2}$. On introduit également une version discrète de l'opérateur de divergence défini par analogie avec le cadre continu en posant

$$\text{div} = -\nabla^*,$$

où ∇^* est l'opérateur adjoint de ∇, c'est-à-dire

$$\forall p \in Y, \forall u \in X \qquad \langle -\text{div } p, u \rangle_X = \langle p, \nabla u \rangle_Y = \langle p^1, \nabla^1 u \rangle_X + \langle p^2, \nabla^2 u \rangle_X.$$

On peut alors vérifier que la divergence discrète est donnée par la relation (3.7) p. 58. On utilisera aussi une version discrète du laplacien définie par

$$\Delta u = \text{div } (\nabla u).$$

On va remplacer le problème $(\mathcal{P}_{ROF})$ par le problème obtenu après discrétisation suivant

$$\min_{u \in X} \frac{1}{2} \|u - u_d\|^2_X + \varepsilon J(u). \qquad (4.9)$$

Il est facile de voir que ce problème a une solution unique que nous allons caractériser. On rappelle que $|g_{i,j}|_2 = \sqrt{(g^1_{i,j})^2 + (g^2_{i,j})^2}$ et que la version discrète de la variation totale est donnée (de manière analogue au cas continu) par

$$J(u) = \sup_{\xi \in K} \langle u, \xi \rangle_X.$$

où

$$K := \{\xi = \text{div } (g) \mid g \in Y, |g_{i,j}|_2 \leqslant 1, \forall (i,j) \in \{1, \cdots, N\} \times \{1, \cdots, M\}\}, \qquad (4.10)$$

est la version *discrète* de $\mathcal{K} := \{\xi = \text{div } \varphi \mid \varphi \in \mathcal{C}^1_c(\Omega, \mathbb{R}^2), \|\varphi\|_\infty \leqslant 1\}$. Nous pouvons, comme dans le cas de la dimension infinie donner la caractérisation de la conjuguée de Legendre-Fenchel de J (la démonstration est analogue).

Théorème 4.3.3 *La transformée de Legendre-Fenchel J^* de la fonctionnelle variation totale discrète définie J sur X, est l'indicatrice de l'ensemble $\bar{K}$, où K est donné par (4.10).*

Le résultat suivant donne la caractérisation attendue de la solution [26] :

Théorème 4.3.4 *La solution de (4.9) est donnée par*

$$u = u_d - P_{\varepsilon K}(u_d),\qquad(4.11)$$

où P_K est le projecteur orthogonal sur K.

Preuve. Nous avons vu que u est solution de (4.9) si et seulement si

$$u \in J^*\left(\frac{u_d - u}{\varepsilon}\right).$$

Comme J^* est l'indicatrice de K, en utilisant la proposition 1.4.1 on en déduit que pour tout $c > 0$

$$u = c\left[\frac{u_d - u}{\varepsilon} + \frac{u}{c} - P_K\left(\frac{u_d - u}{\varepsilon} + \frac{u}{c}\right)\right].$$

Le choix de $c = \varepsilon$ conduit au résultat car $\varepsilon P_K\left(\dfrac{u_d}{\varepsilon}\right) = P_{\varepsilon K}(u_d)$. $\qquad\square$

Tout revient maintenant à calculer $u_\varepsilon := P_{\varepsilon K}(u_d) = \;\text{div}\; p_\varepsilon$ où

$$p_\varepsilon = \text{argmin}\;\{\;\|\varepsilon\;\text{div}\;(p) - u_d\|_X^2 \mid |p_{i,j}|_2 \leqslant 1,\; i,j = 1,\cdots,N\;\}.\qquad(4.12)$$

4.3.3.1 Algorithme de Chambolle [26]

On peut calculer $P_{\varepsilon K}(u_d)$ en résolvant le problème (4.12). Une méthode de descente de gradient semi-implicite conduit à l'algorithme suivant :

Algorithme 1 Algorithme de Chambolle

Initialisation : $n = 0$; $p^0 = 0$
Itération n : on pose

$$p_{i,j}^{n+1} = \frac{p_{i,j}^n + \rho\,(\nabla[\text{div}\;p^n - u_d/\varepsilon])_{i,j}}{1 + \rho\left|(\nabla[\text{div}\;p^n - u_d/\varepsilon])_{i,j}\right|}.$$

Stop si un critère d'arrêt est satisfait.

Théorème 4.3.5 *Si le paramètre ρ vérifie $\rho \leqslant 1/8$, alors $\varepsilon\;\text{div}\;p^n \to P_{\varepsilon K}(u_d)$.*

La solution du problème est alors donnée par

$$u = u_d - \varepsilon\;\text{div}\;p^\infty \quad\text{où}\quad p^\infty = \lim_{n\to+\infty} p^n.$$

En pratique le paramètre ε permet de régler le niveau de régularisation. Plus ε est grand, plus la variation totale de la solution, c'est-à-dire la longueur des contours de l'image est petite. Le bruit est éliminé au prix d'un lissage de l'image.

Dans [27], A. Chambolle a donné une deuxième version de l'algorithme (1) en introduisant une projection :

Algorithme 2 Algorithme de Chambolle

Initialisation : $n = 0$; $p^0 = 0$
Itération n : on pose

$$p_{i,j}^{n+1} = \frac{p_{i,j}^n + \rho\left(\nabla[\operatorname{div} p^n - u_d/\varepsilon]\right)_{i,j}}{\max\left(1, p_{i,j}^n + \rho\left|\left(\nabla[\operatorname{div} p^n - u_d/\varepsilon]\right)_{i,j}\right|\right)}.$$

Stop si un critère d'arrêt est satisfait.

D'autre part, la convergence est garantie pour $\rho \leqslant 1/4$ (voir [33]).

4.3.3.2 Algorithme de Nesterov

Une alternative plus rapide est un algorithme dû à Y. Nesterov [75], revisité et adapté au contexte par P. Weiss et al. [96], Y. Nesterov a proposé une méthode pour résoudre

$$\inf_{q \in Q} E\left(q\right) \tag{4.13}$$

où E est convexe, différentiable, de dérivée L-Lipschitz et Q est un ensemble fermé. On se donne une fonction convexe d, $x_0 \in Q$ et $\sigma > 0$ tels que

$$\forall x \in Q \quad d(x) \geqslant \frac{\sigma}{2}\|x - x_0\|^2.$$

L'algorithme est alors le suivant :

Algorithme 3 Algorithme de Nesterov

Initialisation : $k = 0$; $G_0 = 0$; $x_k \in Q$ et L est la constante de Lipschitz de ∇E.

Itération k :

for $0 \leqslant k \leqslant J$ **do**

(a) On pose $\eta_k = \nabla E(x_k)$.

(b) Calcul de la solution y_k de

$$\min_{y \in Q} \left\{ \langle \eta_k, y - x_k \rangle_X + \frac{1}{2} L \|y - x_k\|_X^2 \right\} .$$

(c) $G_k = G_{k-1} + \dfrac{k+1}{2} \eta^k$.

(d) Calcul de la solution z_k de

$$\min_{z \in Q} \left\{ \frac{L}{\sigma} d(z) + \langle G_k, z \rangle_X \right\} .$$

(e) On pose $x_k = \dfrac{2}{k+3} z_k + \dfrac{k+1}{k+2} y_k$.

end for

Nesterov a montré que si $\bar{u}$ est la solution de (4.13) alors

$$0 \leqslant E(y_k) - E(\bar{u}) \leqslant \frac{4 L d(\bar{u})}{\sigma (k+1)(k+2)} .$$

Dans le cas qui nous intéresse, on va utiliser cet algorithme pour résoudre le problème dual de (4.9) grâce au théorème 1.4.6 qui indique que

$$\min_{u \in X} J(u) + \frac{1}{2\varepsilon} \|u - u_d\|_X^2 = \max_{v \in X} \left(-J^*(-v) - N_0^*(v) \right)$$
$$= -\min_{q \in X} \left(J^*(-v) + N_0^*(v) \right) ,$$

où on a posé

$$N_0(u) = \frac{1}{2\varepsilon} \|u - u_d\|_X^2 .$$

On a déjà remarqué que J^* est l'indicatrice de l'ensemble K défini par (4.10). Calculons maintenant N_0^* :

$$N_0^*(v) = \sup_{u \in X} (\langle u, v \rangle_X - N_0(u)) = \sup_{u \in X} (\langle u, v \rangle_X - \frac{1}{2\varepsilon} \|u - u_d\|_X^2) .$$

Le supremum est atteint pour

$$u = \varepsilon v + u_d \tag{4.14}$$

et donc

$$N_0^*(v) = \frac{\varepsilon}{2} \|v\|_X^2 + v u_d = \frac{1}{2\varepsilon} \|\varepsilon v + u_d\|_X^2 - \frac{\|u_d\|^2}{2\varepsilon} .$$

Il faut donc résoudre le problème dual qui s'écrit alors

$$\min_{v \in K} \|\varepsilon v + u_d\|_X^2 = \min_{p \in \mathcal{B}_\varepsilon} \| - \operatorname{div}(p) + u_d\|_X^2 , \qquad (4.15)$$

où

$$\mathcal{B}_\varepsilon := \{ \ p = (p^1, p^2) \in X \times X | \ |p_{i,j}|_2 \leqslant \varepsilon, \ i = 1, \cdots, N, \ j = 1, \cdots, M \ \}$$

avec $|p_{i,j}|_2 = \sqrt{(p_{i,j}^1)^2 + (p_{i,j}^2)^2}$.

La solution du problème primal (4.9) est alors donnée par (4.14) c'est-à-dire

$$\bar{u} = u_d - \varepsilon \bar{v} , \qquad (4.16)$$

où $\bar{v} = \operatorname{div} \bar{p}$ est solution de (4.15). Nous allons maintenant utiliser l'algorithme (3) pour résoudre (4.15). On pose

$$E(p) = \frac{1}{2} \| - \operatorname{div}(p) + u_d\|_X^2 \text{ et } Q = \mathcal{B}_\varepsilon,$$

et on choisit $d(x) = \dfrac{1}{2}\|x\|_X^2$ avec $x_0 = 0$ et $\sigma = 1$.

- Etape (a) : $\eta_k = \nabla E(p_k) = \nabla(-\operatorname{div}(p_k) + u_d)$
- Etape (b) : comme

$$\langle \eta_k, y - x_k \rangle_X + \frac{L}{2} \|y - x_k\|_X^2 = \frac{L}{2} \left\| y - x_k + \frac{\eta_k}{L} \right\|_X^2 - \frac{\|\eta_k\|_X^2}{2L}$$

Il faut calculer la solution de

$$\min_{y \in \mathcal{B}_\varepsilon} \left\| y - p_k + \frac{\eta_k}{L} \right\|_X^2 .$$

L'étape (b) revient à calculer le projeté q_k de $p_k - \dfrac{\eta_k}{L}$ par la projection euclidienne sur la boule $\mathcal{B}_\varepsilon$ (voir Annexe A.3.5, p. 197) :

$$q_k = \Pi_{\mathcal{B}_\varepsilon} \left(p_k - \frac{\eta_k}{L} \right) .$$

- De la même façon, l'étape (d) revient à calculer

$$z_k = \Pi_{\mathcal{B}_\varepsilon} \left(-\frac{G_k}{L} \right) .$$

L'algorithme obtenu est alors le suivant :

Algorithme 4 Algorithme de Weiss-Nesterov [96]

Entrée : on se donne le nombre maximal d'itérations I_{max} et un point initial $p_0 \in \mathcal{B}_\varepsilon$.

Sortie : $\tilde{q} := q_{I_{max}}$ est une approximation de $\bar{q}$ solution de (4.15)

Soit $L = 2\|\mathrm{div}\|_2^2$ (la norme de l'opérateur de divergence discret).
Soit $G_{-1} = 0$
for $0 \leqslant k \leqslant I_{max}$ **do**
$\quad \eta_k = \nabla(-\mathrm{div}(p_k) + u_d)$
$\quad q_k = \Pi_{\mathcal{B}_\varepsilon}\left(p_k - \dfrac{\eta_k}{L}\right)$.
$\quad G_k = G_{k-1} + \dfrac{k+1}{2}\eta_k, \ z_k = \Pi_{\mathcal{B}_\varepsilon}\left(-\dfrac{G_k}{L}\right)$.
$\quad p_{k+1} = \dfrac{2}{k+3}z_k + \dfrac{k+1}{k+3}q_k$
end for

On obtient alors une approximation de la solution du problème (4.9) en posant

$$\tilde{u} = u_d - \varepsilon\mathrm{div}(\tilde{q}) \ . \tag{4.17}$$

4.3.3.3 Algorithme primal-dual de Chambolle-Pock [29]

Dans [29], A. Chambolle et T. Pock ont proposé un algorithme primal-dual permettant de résoudre le problème suivant

$$\min_{x \in X} \max_{y \in Y} \langle \mathcal{L}(x), y \rangle_Y + G(x) - F^*(y) \ , \tag{4.18}$$

où X et Y sont des espaces de dimension finie, $\mathcal{L}$ est un opérateur linéaire de X dans Y, G et F sont des fonctions propres, convexes et semi-continues inférieurement (cf annexe) de X dans $[0, +\infty[$ et Y dans $[0, +\infty[$ respectivement. La notation $\langle \cdot, \cdot \rangle_Y$ désigne toujours le produit scalaire de Y, $\|\cdot\|_Y$ la norme euclidienne de Y et F^* est la conjuguée de Legendre-Fenchel de F. Ce problème de point-selle est la formulation primale-duale du problème (primal) non linéaire suivant (voir [42] par exemple pour les notions de problème primal, dual et point-selle) :

$$\min_{x \in X} F(\mathcal{L}(x)) + G(x) \ . \tag{4.19}$$

L'algorithme est le suivant :

Algorithme 5 Algorithme de Chambolle-Pock générique [29]

Entrée : on se donne des paramètres τ, $\sigma > 0$, $\theta \in [0,1]$

Initialisation : on se donne un point initial $(x^0, y^0) \in X \times Y$ et on pose $\bar{x}^0 = x^0$.

Itération n : on actualise x^n, y^n et $\bar{x}^n$ avec

$$y^{n+1} = \operatorname{argmin}_{y \in Y} \left\{ F^*(y) + \frac{\|y - y^n - \sigma \mathcal{L}(\bar{x}^n)\|_Y^2}{2\sigma} \right\},$$

$$x^{n+1} = \operatorname{argmin}_{x \in X} \left\{ G(x) + \frac{\|x - x^n + \tau \mathcal{L}^*(y^{n+1})\|_X^2}{2\tau} \right\},$$

$$\bar{x}^{n+1} = x^{n+1} + \theta(x^{n+1} - x^n).$$

L'algorithme fournit un point selle comme le montre le théorème suivant :

Théorème 4.3.6 *Supposons que le problème* (4.18) *possède au moins une solution. Soit* $L = \|\mathcal{L}\|$ *(la norme de l'opérateur* $\mathcal{L}$*). Si* $\theta = 1$ *et* $\tau \sigma L^2 < 1$, *alors* (x^n, y^n) *converge vers un point-selle solution de* (4.18). *En particulier* (x^n) *converge vers une solution du problème* (4.19).

Nous pouvons alors appliquer cette méthode au modèle discret de Rudin-Osher-Fatemi. Dans ce cas

$$\mathcal{L}(u) = \nabla u, \ \mathcal{L}^*(p) = -\operatorname{div} p, \ F(\nabla u) = J(u) \ \text{et} \ G(u) = \frac{1}{2\varepsilon}\|u - u_d\|_X^2, \ L^2 = 8.$$

En utilisant une version accélérée de l'algorithme générique (présentée aussi dans [29]) on obtient :

Algorithme 6 Algorithme de Chambolle-Pock pour le modèle ROF

Entrée : on se donne γ en fonction de ε (par exemple $\gamma = 1/\varepsilon$).

Initialisation : on se donne
- τ_0, $\sigma_0 > 0$ tels que $\tau_0 \sigma_0 < 1/8$,
- un point initial $(u^0, p^0) \in X \times Y$ et on pose $\bar{u}^0 = u^0$.

Itération n : on actualise u^n, p^n, $\bar{u}^n$, θ_n, τ_n et σ_n avec

- $p_{i,j}^{n+1} = \dfrac{q_{i,j}^n}{\max(1, |q_{i,j}^n|)}$ où $q^n = p^n + \sigma_n \nabla \bar{u}^n \in Y$,

- $u_{i,j}^{n+1} = \dfrac{\varepsilon v_{i,j}^n + \tau_n (u_d)_{i,j}}{\varepsilon + \tau_n}$ où $v^n = u^n + \tau_n \operatorname{div} p^{n+1} \in Y$,

  $\theta_n = \sqrt{\dfrac{1}{1 + 2\gamma \tau_n}}$, $\tau_{n+1} = \theta_n \tau_n$, $\sigma_{n+1} = \dfrac{\sigma_n}{\theta_n}$.

- $\bar{u}^{n+1} = u^{n+1} + \theta_n(u^{n+1} - u^n)$.

Fig. 4.6 Original et Image bruitée ($\sigma = 0.2$)

Fig. 4.7 Filtrage ROF : sensibilité au paramètre ε (Algorithme de Chambolle-Pock avec $\tau = \sigma = 1/\sqrt{8}$)

4.4 Filtrage par ondelettes

Dans cette section, on va utiliser la théorie des ondelettes pour développer des outils de filtrage. Les filtres linéaires classiques 1D (version spatiale ou fréquentielle) sont des filtres qui privilégient certaines fréquences et ne permettent donc pas de gérer des bruits blancs qui chargent uniformément toutes les fréquences. Dans ce cas les filtres passe-haut et passe-bas issus de l'analyse de Fourier sont inefficaces. De manière générale, les méthodes linéaires ne sont pas efficaces pour des signaux présentant des singularités. Les méthodes par ondelettes ont été développées dans cette optique. Une décomposition en ondelettes du signal va fournir des coefficients qui représentent le signal à des échelles différentes et permettre d'isoler des détails (dont le bruit).

Les bases 2D d'ondelettees sont en général construites par produits tensoriels de bases d'ondelettes 1D (annexe A.2). Soient φ la fonction d'échelle et ψ l'ondelette provenant d'une analyse multi-résolution (AMR) 1D.

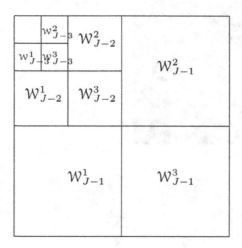

Fig. 4.8 Analyse multi-résolution 2D

On a deux constructions possibles :
– Les bases d'ondelettes **tensorielles** ou anisotropes :

$$\Psi_{k,k'}^{j,j'}(x,y) = \psi_{j,k}(x)\psi_{j',k'}(y), \quad j,j' \in \mathbb{Z}, \ k,k' \in \mathbb{Z}.$$

La transformée en ondelettes 2D associée utilise la transformée en ondelettes rapide (FWT, annexe A.2.3) 1D sur les lignes puis sur les colonnes de l'image.

– Ondelettes issues de l'AMR de $L^2(\mathbb{R}^2)$: on pose $\mathcal{V}_j = V_j \otimes V_j$. L'espace de détails (ondelettes) est $\mathcal{W}_j$ donné par $\mathcal{V}_{j+1} = \mathcal{V}_j \oplus \mathcal{W}_j$. On a

$$\mathcal{V}_{j+1} = V_{j+1} \otimes V_{j+1} = (V_j \oplus W_j) \otimes (V_j \oplus W_j)$$

$$= (V_j \otimes V_j) \oplus (W_j \otimes V_j) \oplus (V_j \otimes W_j) \oplus (W_j \otimes W_j) \ .$$

Donc

$$\mathcal{W}_j = \mathrm{Vect}\{\psi_{j,k}(x)\varphi_{j',k'}(y); \varphi_{j,k}(x)\psi_{j',k'}(y); \psi_{j,k}(x)\psi_{j',k'}(y) \mid k, k' \in \mathbb{Z}^2 \}$$

Pour effectuer une AMR, on choisit une base d'ondelettes (orthogonale) associée à un filtre miroir (annexe A.2.2, p. 184). Les bases d'ondelettes les plus classiques sont les bases de Haar, Daubechies (voir [63], chapitre 7).

| (a) Originale | (b) Haar |
| (c) Daubechies 8 | (d) Symmlet 4 |

Fig. 4.9 Décomposition multi-résolution sur différentes bases d'ondelettes - Figures réalisées avec WaveLab [95] - (Voir aussi Mallat [63])

   Le bruit additif rajoute au signal de base de très nombreux détails qui vont
se traduire dans l'analyse multirésolution par des coefficients d'ondelettes à
de petites échelles. Pour débruiter, on peut ne garder que les coefficients
d'ondelettes qui correspondent à des échelles importantes. En pratique, on
seuille les coefficients avec une fonction de coupure qui annule les coefficients
inférieurs à un certain seuil ε, puis on reconstruit le signal à partir des coefficients ainsi gardés. On peut utiliser deux types de seuillage correspondant
à deux fonctions de coupure : le seuillage **dur** (hard) consiste à appliquer au
coefficients la fonction

$$\mathbf{d}_\varepsilon : x \mapsto \mathbf{d}_\varepsilon(x) := \begin{cases} x & \text{si } |x| \geqslant \varepsilon \\ 0 & \text{sinon.} \end{cases}$$

Cette fonction est discontinue ce qui peut entraîner des effets de bord. On
peut lui préférer un seuillage **doux** (soft) qui utilise une fonction continue :

$$d_\varepsilon : x \mapsto d_\varepsilon(x) := \begin{cases} x - \varepsilon & \text{si } x \geqslant \varepsilon \\ x + \varepsilon & \text{si } x \leqslant -\varepsilon \\ 0 & \text{sinon.} \end{cases}$$

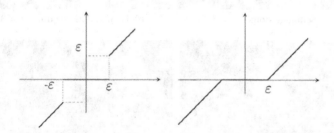

Fig. 4.10 Fonctions de seuillage « dur » (à gauche) et « doux » (à droite)

Algorithme 7 Algorithme de débruitage par ondelettes (AMR)

---

1. Choix d'une base d'ondelettes pour l'AMR et d'un seuil ε.

2. Réflexion de l'image comme indiqué chapitre 3, p. 40 pour avoir une image de dimensions des puissances de 2.

3. Calcul des coefficients d'ondelettes w par Transformée en Ondelettes Rapide (FWT)
(instruction FWT2_PO de Wavelab [95] par exemple).

4. Seuillage des coefficients : $w_s = d_\varepsilon(w)$ ou $\mathbf{d}_\varepsilon(w)$ suivant le type de seuillage choisi
(doux ou dur).

5. Reconstruction de l'image filtrée par Transformée en Ondelettes Rapide Inverse
(IFWT) (instruction IFWT2_PO de Wavelab par exemple).

6. Restitution de l'image filtrée à la bonne taille.

Nous présentons ci-dessous un exemple de débruitage avec les bases d'on-delettes de Haar et Daubechies 8 respectivement. Le choix du seuil est souvent délicat. En pratique, on le prend proportionnel au niveau de bruit, $\varepsilon \simeq 3\sigma$ pour le seuillage dur et $\varepsilon \simeq 1.5\,\sigma$ pour le seuillage doux (voir [63], section 10.2.2 ou [39, 40]) pour une estimation plus précise du seuil en fonction de la taille de l'image).

(a) Haar -Seuillage doux - $\varepsilon = 1.5\sigma$ (b) Haar -Seuillage dur - $\varepsilon = 3\sigma$

(c) Daubechies 8 - Seuillage doux - $\varepsilon = 1.5\sigma$ (d) Daubechies 8 - Seuillage dur - $\varepsilon = 3\sigma$

Fig. 4.11 Débruitage pour une image bruitée avec $\sigma \simeq 50$ (Figure 4.6) - Figures réalisées avec WaveLab [95]

4.5 Déconvolution

Le flou est souvent modélisé par un opérateur de convolution qui régularise tous les contours de l'image. L'opération inverse qui consiste à enlever le flou d'une image s'appelle donc logiquement « déconvolution ». Nous présentons ci-dessous quelques méthodes. Pour une étude plus complète on peut se référer à [21]

4.5.1 Approche fréquentielle : Filtre de Wiener

Le filtre de Wiener est issu d'une formulation variationnelle de type Tychonov. On cherche à minimiser la moyenne du carré de la différence entre l'image initiale et l'image restaurée. Ce filtre est très efficace pour traiter des images dégradées à la fois par du flou et du bruit. On considère donc une image dégradée $f = h * u_{orig} + b$, où u_{orig} est l'image originale à restaurer, h un noyau de convolution symétrique positif (réponse impulsionnelle du filtre *flou*) et b est en général un bruit blanc gaussien d'écart-type σ.

On modélise le problème par une formulation au sens des moindres carrés en considérant l'erreur quadratique $\|f - h * u\|_{L^2}^2$ que l'on va minimiser. Le problème de minimisation n'admettant pas nécessairement de solution convenable (si $\hat{h}$ s'annule par exemple, voir p. 61), on ajoute un terme de régularisation quadratique de la forme $\|q * u\|_{L^2}^2$. Le noyau q sera fixé ultérieurement en fonction du rapport signal sur bruit (chapitre 3, définition 3.1.1 p. 34).

En appliquant la transformation de Fourier (Annexe A.1.3) qui à une fonction u associe $\hat{u}$, le problème de minimisation s'écrit alors

$$\min_{v \in L^2(\mathbb{R})} \|\hat{f} - \hat{h}v\|_2^2 + \|\hat{q}v\|_2^2.$$

La solution $\hat{u}$ de ce problème est obtenue par dérivation :

$$\forall v \in L^2(\mathbb{R}) \qquad \left\langle \hat{h}\hat{u} - \hat{f}, \hat{h}v \right\rangle_{L^2} + \langle \hat{q}\hat{u}, \hat{q}v \rangle_{L^2} = 0.$$

On obtient alors

$$\hat{h}^*(\hat{h}\hat{u} - \hat{f}) + |\hat{q}|^2\hat{u} = 0,$$

où $\hat{h}^*$ est l'opérateur adjoint de $\hat{h}$ et $|\hat{q}|^2 = \hat{q}^*\hat{q}$, c'est-à-dire

$$\hat{u} = \frac{\hat{h}^*\hat{f}}{|\hat{h}|^2 + |\hat{q}|^2}. \tag{4.20}$$

Le principe du filtrage de Wiener est de fixer $|\hat{q}|^2$ en fonction d'une estimation du rapport signal sur bruit. Lorsque $q = 0$ on retrouve le filtrage inverse (pas de bruit). Idéalement, il faudrait choisir

$$\hat{q}(\omega) = \frac{|\hat{b}(\omega)|}{|\hat{u}(\omega)|}.$$

En effet, dans ce cas le terme de régularisation $\|q * u\|_{L^2}^2$ pénalise exactement le bruit :

$$\|q * u\|_{L^2} = \|\hat{q}\hat{u}\|_{L^2} = \|\hat{b}\|_{L^2} = \|b\|_{L^2} .$$

Le choix le plus courant est de prendre l'inverse du rapport signal sur bruit :

$$|\hat{q}|^2 = \frac{<|\hat{b}|^2>}{<|\hat{u}|^2>},$$

où $\langle|\hat{b}|^2\rangle$ (resp. $\langle|\hat{u}|^2\rangle$) est la puissance spectrale moyenne de b (resp. u) c'est-à-dire

$$\langle|\hat{b}|^2\rangle = \frac{1}{|D|} \iint\limits_{D} |\hat{b}|^2(\omega)\, d\omega ,$$

où D est un domaine de $\mathbb{R}^2$ suffisamment grand et $|D|$ son aire.

Pour implémenter le filtre de Wiener, nous devons être en mesure d'estimer correctement la puissance spectrale de l'image d'origine et du bruit. Pour un bruit blanc gaussien, la puissance spectrale moyenne est égale à la variance σ^2 du bruit. La puissance spectrale de u est difficile à obtenir puisqu'on ne connaît pas u! Toutefois

$$f = h * u + b \Longrightarrow \hat{f} = \hat{h}\hat{u} + \hat{b} \Longrightarrow |\hat{f}|^2 \simeq |\hat{h}|^2|\hat{u}|^2 + |\hat{b}|^2,$$

puisque le bruit b et l'image sont indépendants. Donc, pour un bruit gaussien

$$|\hat{u}|^2 \simeq \frac{|\hat{f}|^2 - |\hat{b}|^2}{|\hat{h}|^2} \simeq \frac{|\hat{f}|^2 - \sigma^2}{|\hat{h}|^2}.$$

En résumé, la fonction de transfert du filtre de Wiener est donnée par

$$W = \frac{\overline{\hat{h}}}{|\hat{h}|^2 + |\hat{q}|^2}, \tag{4.21}$$

avec dans le cas où b est un bruit blanc gaussien d'écart-type σ

$$|\hat{q}|^2 = \frac{\sigma^2 <|\hat{h}|>^2}{<|\hat{f}|>^2 - \sigma^2}. \tag{4.22}$$

Dans l'exemple suivant, l'image a été floutée par un filtre gaussien de taille 15 et d'écart-type 45. Elle a aussi été réfléchie pour minimiser les effets de bord.

(a) Image floutée   (b) Image après déconvolution

Fig. 4.12 Déconvolution par filtre de Wiener d'une image floutée . Le filtre utilise un maque gaussien de taille 7 et d'écart-type 40 et $\hat{q} = 0.1$

Dans l'exemple suivant, l'image a été floutée par un filtre gaussien de taille 15 et d'écart-type 45 et bruitée par un bruit additif gaussien d'écart type 15.

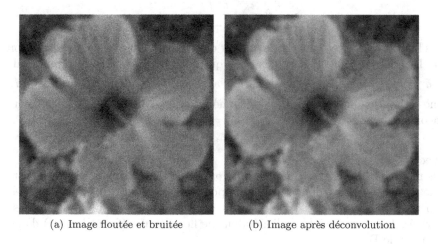

(a) Image floutée et bruitée   (b) Image après déconvolution

Fig. 4.13 Déconvolution par filtre de Wiener d'une image floutée et bruitée, même masque et $\hat{q} = 1$

On peut dériver d'autres filtres sur le modèle ci-dessus. Citons

– *le filtre de Wiener paramétrique* : $q = \gamma q_o$ où $\hat{q}_o$ est donné par la relation (4.22) et $0 < \gamma < 1$.
Si $\gamma = 0$ on retrouve le filtre inverse et $\gamma = 1$ le filtre de Wiener.

– *le filtre de Cannon* :

$$W = \left[\frac{1}{|\hat{h}|^2 + |\hat{q}|^2} \right]^{\frac{1}{2}},$$

où $\hat{q}$ est donné par (4.22).

– *le filtre de moyenne géométrique* :

$$W = \frac{1}{|\hat{h}|^s} \left[\frac{\overline{\hat{h}}}{|\hat{h}|^2 + |\hat{q}|^2} \right]^{1-s},$$

où $\hat{q}$ est donné par (4.22). Si $s = 1$ on retrouve le filtre inverse, $s = 0$ le filtre de Wiener et $s = 0.5$ le filtre de Cannon.

4.5.2 Méthode SECB

Rappelons la relation (4.20) qui décrit le filtre Wiener dans l'espace de Fourier

$$\hat{u} = \frac{\hat{h}^* \hat{f}}{|\hat{h}|^2 + |\hat{q}|^2},$$

Les limitations de cette méthode (qui est directement issue d'une régularisation de Tychonov) viennent du choix de q qui devrait idéalement être pris égal à $\hat{q} = \dfrac{\varepsilon}{M} Id$ où ε est une estimation a priori de l'énergie du bruit et M une estimation de l'énergie de l'image non floutée u_{orig} (qui est évidemment inconnue) :

$$\|h * u_{orig} - f\|_2 \leqslant \varepsilon, \quad \|u_{orig}\|_2 \leqslant M,$$

avec $\varepsilon \ll M$.

La méthode SECB (*Slow Evolution from the Continuation Boundary*) est une méthode linéaire directe. Nous supposerons que ε est connu, petit et fixé (en pratique c'est l'écart-type du bruit gaussien b). La méthode utilise des dérivées fractionnaires h^t de l'opérateur de flou définies (formellement) dans l'espace de Fourier par :

$$\forall t \in [0,1], \forall \lambda \in \mathbb{R}^2 \qquad \hat{h}^t(\lambda) = \int_{\mathbb{R}^2} (1 + \|\mathbf{x}\|^2)^{t/2} h(\mathbf{x}) e^{-2i\pi\langle \mathbf{x}, \lambda \rangle} \, d\mathbf{x} \ .$$

On suppose également que des calibrages avec des images comparables donnent une estimation a priori de

$$K_s \geqslant \frac{\|h^s * u_{orig} - u_{orig}\|_2}{\varepsilon}, \quad s \in [0,1] \ ,$$

puisque ε est fixé. Les paramètres (s, K_s) constituent l'information a priori pour la méthode SECB qui consiste alors à faire la minimisation suivante

$$\min_{u \in L^2(\mathbb{R}^2)} \|h * u - f\|^2 + \frac{\|h^s * u - u\|^2}{K_s^2} \ ,$$

ou son équivalent dans l'espace de Fourier

$$\min_{v \in L^2(\mathbb{R}^2)} \|\hat{h}v - \hat{f}\|^2 + \frac{\|\hat{h}^s v - v\|^2}{K_s^2} \ .$$

On obtient alors

$$\hat{u}_s = \frac{\hat{h}^* \hat{f}}{|\hat{h}|^2 + K_s^{-2}(I - \hat{h}^s)^*(I - \hat{h}^s)} \ .$$

Cette méthode a l'avantage d'être rapide (elle utilise la FFT) et précise (voir [21]).

4.5.3 Déconvolution de Richardson-Lucy

L'algorithme de Richardson-Lucy [82, 60] est un algorithme itératif spatial. Comme précédemment on considère une image dégradée par du flou (noyau h connu ou estimé) et du bruit $b : f = h * u + b$. On veut identifier u. On suppose que le noyau h est connu et le bruit est inconnu.

Algorithme 8 Algorithme de Richardson-Lucy (noyau connu ou estimé)

1. Initialisation : choix de u_o et h_o
2. Itération k
$$u_{k+1} = u_k \left[\frac{f}{(u_k * h)} * \check{h} \right],$$

où $\check{h}(x,y) = h(-x,-y)$.

On peut choisir (par exemple) $u_o = f$. Cet algorithme dérive du théorème de Bayes et nous ne rentrerons pas dans le détail (il s'agit de maximiser une log-vraisemblance et d'appliquer une méthode de point fixe pour calculer la solution). On peut se référer à [44].

Lorsque le noyau du flou h n'est pas connu on fait une déconvolution *aveugle* (blind deconvolution) avec l'algorithme suivant :

Algorithme 9 Algorithme de Richardson-Lucy aveugle

---

1. Initialisation : choix de u_o et h_o

2. a. Estimation de h

$$h_{k+1} = \frac{h_k}{\sum_{i,j} u_k(i,j)} \left[\frac{f}{u_k * h_k} * \check{u}_k \right]$$

   b. Estimation de u

$$u_{k+1} = u_k \left[\frac{f}{(u_k * h_{k+1})} * \check{h}_{k+1} \right],$$

3. $u_{k+1} = \max(u_k, 0)$.

Il s'agit à l'étape k d'estimer le noyau h_{k+1} à partir de la donnée d'une reconstruction de l'image u_k, puis de reconstruire l'image u_{k+1} à partir de h_{k+1} et de la reconstruction précédente u_k. L'étape de reconstruction de u_{k+1} correspond à l'itération classique de l'algorithme de Richardson-Lucy (8). L'étape d'estimation de h_{k+1} est une itération de l'agorithme de Richardson -Lucy où on a interverti les rôles de u et de h.

(a) Image floutée   (b) Image après déconvolution - 30 itérations

Fig. 4.14 Déconvolution par la méthode de Richardson-Lucy aveugle. L'image a été floutée par un filtre gaussien de taille 15 et d'écart-type 45. La méthode a été initialisée avec un masque gaussien de taille 9 et d'écart-type 20

4.5.4 Modèle variationnel de Rudin-Osher-Fatemi

On peut également généraliser la méthode de Rudin-Osher-Fatemi dans le cas où l'image est à la fois floutée et bruitée. L'image observée est donc de la forme : $R(f) + b$ avec $R(f) = h * f$. Nous généralisons donc ici le principe du filtre de Wiener. Le problème $(\mathcal{P}_{ROF})$ (p. 70) se généralise de la manière suivante

$$\min_{u \in BV(\Omega)} \mathcal{F}(u) := J(u) + \frac{1}{2\varepsilon} \|Ru - u_d\|_2^2. \tag{4.23}$$

où R est un opérateur de convolution à noyau symétrique et positif et J la variation totale de la fonction u (voir section 4.3.2 et/ou annexe A.6). La fonctionnelle $\mathcal{F}$ est convexe et $\bar{u}$ est solution de (4.23) si et seulement si $0 \in \partial \mathcal{F}(\bar{u})$. Nous avons un résultat analogue à celui de la section 4.3.2. Nous nous plaçons dans le cas discret :

Théorème 4.5.1 *La solution u_ε de (4.23) est caractérisée par l'existence de μ_ε vérifiant*

$$\mu_\varepsilon = \frac{R^*(u_d - Ru_\varepsilon)}{\varepsilon}, \tag{4.24}$$

$$u_\varepsilon = u_\varepsilon + \mu_\varepsilon - P_K(u_\varepsilon + \mu_\varepsilon), \tag{4.25}$$

où P_K est le projecteur orthogonal sur K donné par (4.10) et R^* est l'opérateur adjoint de R.

Preuve. Une condition nécessaire et suffisante pour que u_ε soit une solution de (4.23) est

$$0 \in \partial \left(J(u_\varepsilon) + \frac{1}{2\varepsilon} \|Ru_\varepsilon - u_d\|_X^2 \right) = \frac{R^*(Ru_\varepsilon - u_d)}{\varepsilon} + \partial J(u_\varepsilon).$$

Ceci est équivalent à

$$u_\varepsilon \in \partial J^*(\mu_\varepsilon),$$

où on posé

$$\mu_\varepsilon = \frac{R^*(u_d - Ru_\varepsilon)}{\varepsilon}.$$

Comme $J^* = 1_K$, la proposition 1.4.1 indique que

$$u_\varepsilon \in \partial 1_K(\mu_\varepsilon) \iff \mu_\varepsilon = P_K(u_\varepsilon + \mu_\varepsilon),$$

d'où le résultat. $\qquad \square$

On peut maintenant résoudre le système (4.24-4.25) par exemple par une méthode de point fixe, qui conduit à l'algorithme de relaxation successive (10).

Algorithme 10 Algorithme de déconvolution

Initialisation : u_0, $n = 0$.

while $k \leqslant It_{max}$ **do**

$\quad$ Calcul de $\mu_n = \dfrac{R^*(u_d - Ru_n)}{\varepsilon}$

$\quad$ Calcul de $u_{n+1} = u_n + \tau(\mu_n - P_K(u_n + \mu_n))$

end while

Proposition 4.5.1 *L'algorithme* (10) *converge dès que* $\tau < 2/\|R^*R\|$.

Dans ce cas si la suite u_n converge vers u_ε alors μ_n converge vers μ_ε et $(u_\varepsilon, \mu_\varepsilon)$ vérifie le système (4.24-4.25). C'est donc une solution du problème (discret). Pour plus de détails, on peut se référer à [33].

Le calcul de la projection P_K se fait par exemple par l'algorithme de Chambolle (1) ou l'algorithme de Weiss-Nesterov (4), ce qui implique une boucle supplémentaire dans l'algorithme (10).

En pratique, l'opérateur R est une opérateur de convolution associé à un noyau $\kappa : Ru = \kappa * u$. On peut également utiliser l'algorithme de Chambolle-Pock (5) décrit p.80 dans la section 4.3.3.3 qui donne dans ce cas :

Algorithme 11 Algorithme de Chambolle-Pock pour le modèle ROF de déconvolution

---

Entrée : on se donne γ en fonction de ε (par exemple $\gamma = 1/\varepsilon$).

Initialisation : on se donne
- τ_0, $\sigma_0 > 0$ tels que $\tau_0\sigma_0 < 1/8$,
- un point initial $(u^0, p^0) \in X \times Y$ et on pose $\bar{u}^0 = u^0$.

Itération n : : on actualise u^n, p^n, $\bar{u}^n$, θ_n, τ_n et σ_n avec

$p_{i,j}^{n+1} = \dfrac{q_{i,j}^n}{\max(1, |q_{i,j}^n|)}$ où $q^n = p^n + \sigma_n \nabla \bar{u}^n \in Y$,

$u^{n+1} = \mathcal{F}^{-1}\left(\dfrac{\varepsilon\mathcal{F}(v^n) + \tau_n\mathcal{F}(u_d)\mathcal{F}(\kappa)^*}{\varepsilon + \tau_n\mathcal{F}(\kappa)^2} \right)$ où $v^n = u^n + \tau_n \mathrm{div}\, p^{n+1} \in X$,

$\theta_n = \sqrt{\dfrac{1}{1 + 2\gamma\tau_n}}$, $\tau_{n+1} = \theta_n\tau_n$, $\sigma_{n+1} = \dfrac{\sigma_n}{\theta_n}$.

$\bar{u}^{n+1} = u^{n+1} + \theta(u^{n+1} - u^n)$.

On a noté $\mathcal{F}$ et $\mathcal{F}^{-1}$ les transformations de Fourier (discrètes) directe et inverse (Voir annexe A.1.2 et [15] par exemple) calculées par FFT et IFFT. Les divisions et multiplications sont faites composante par composante.

(a) Image floutée et bruitée   (b) $\varepsilon = 0.1$, 100 itérations

(c) $\varepsilon = 1$, 100 itérations   (d) $\varepsilon = 10$, 50 itérations

Fig. 4.15 Filtrage ROF généralisé sur une image floutée par un masque gaussien de taille 15 et d'écart-type 45 et bruitée par un bruit additif gaussien d'écart type 15. On a utilisé l'algorithme de Chambolle-Pock avec $\sigma_0 = \tau_0 = 1/\sqrt{8}$, $\gamma = 1/\varepsilon$

Chapitre 5
Segmentation

5.1 Introduction

La segmentation permet d'isoler certaines parties de l'image qui présentent une forte corrélation avec les objets contenus dans cette image, généralement dans l'optique d'un post-traitement. Les domaines d'application sont nombreux : médecine, géophysique, géologie, etc.

Dans le domaine médical, la segmentation d'images est extrêmement compliquée. En effet, pour chaque organe (cerveau, cœur, etc ...), l'approche est différente : l'outil de segmentation doit donc pouvoir s'adapter à un organe particulier, suivant une modalité d'acquisition particulière (scanners, radiographie, Imagerie par Résonance Magnétique, ...) et pour une séquence de données particulière. L'objectif est la quantification de l'information, par exemple, la volumétrie : volume d'une tumeur dans le cerveau, étude de la cavité ventriculaire cardiaque, etc. C'est à ce niveau que la segmentation de l'image est utilisée. En géophysique, la segmentation peut permettre d'isoler des objets du sous-sol (failles, horizons ...) à partir de données sismiques dans le but, par exemple, de modéliser ou d'exploiter un gisement.

En imagerie mathématique, on considère principalement deux types de segmentation :

• la segmentation par **contours** qui permet de délimiter les différentes régions par leurs frontières. C'est essentiellement ce type de segmentation que nous allons présenter.

• la segmentation par **régions** qui permet de caractériser les régions d'une image présentant une structure homogène et qui fait appel la plupart du temps à des outils statistiques.

M. Bergounioux, *Introduction au traitement mathématique des images - méthodes déterministes,* Mathématiques et Applications 76,
DOI 10.1007/978-3-662-46539-4_5

5.2 Segmentation par seuillage de gradients

Les points de contour sont les points de l'image pour lesquels la norme du gradient, dans la direction de ce gradient, est maximale. Un seuillage est réalisé pour ne conserver que les points de variation de niveau de gris significative. Le problème est alors le choix du seuil, comme nous allons le voir dans ce qui suit.

5.2.1 Segmentation par filtrage passe-haut

On a vu dans le chapitre 3 que les outils de filtrage servent aussi à segmenter les images c'est-à-dire à trouver les contours de ces images. Une définition naturelle d'un contour est le lieu des points (pixels) de l'image où le gradient de l'image est maximal. Ainsi un simple calcul de gradient (directionnel) grâce aux filtres donnés par les masques de la section 3.4 (Tableau 3.4 p.54) permet de détecter les contours :

(a) Original   (b) Norme du gradient de Sobel

Fig. 5.1 Segmentation avec un filtre de Sobel

Fig. 5.2 Segmentation avec un Laplacien 8, p. 55

Une autre approche consiste à considérer les contours comme des détails de l'image et à les calculer via un filtre fréquentiel passe-haut (sous-section 3.3.2) :

Fig. 5.3 Segmentation : filtre passe-haut avec coupure à 20% de la taille

5.2.2 Détecteur de Marr-Hildrett

Sur une image lissée, on peut plus facilement essayer de détecter les bords (ou contours). On peut utiliser le détecteur de **Marr-Hildrett** [64] : on cherche les zéros du Laplacien d'une image u. Si en un point x, Δu change de signe et si ∇u est non nul, on considère alors que l'image u possède un bord en x. En pratique on cherche les points où $|\Delta u| \leqslant \varepsilon_1$ avec changement de signe et $|\nabla u| \geqslant \varepsilon_2$ où ε_1 et ε_2 sont des réels strictement positifs (seuils). Le choix du seuil influe bien sûr sur les contours obtenus :

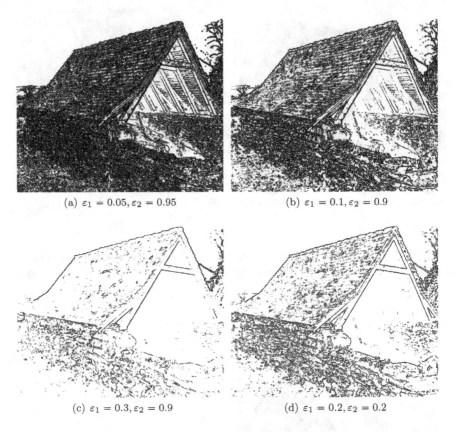

Fig. 5.4 Détection de contours par Marr-Hildrett en fonction des seuils (le laplacien et les gradients ont été normalisés)

5.2.3 Détecteur de Canny

L'algorithme de Canny [20] est un algorithme qui cherche les contours en testant à la fois la norme et la direction du gradient de l'image en un point. Il a plusieurs avantages :

- **détection :** bonne détection des points de contours (notamment pour les contours faibles),
- **localisation :** localisation fiable des points de contours,
- **unicité de la détection :** pour un contour, on a un seul point de contour.

Algorithme 1 Algorithme de Canny

1. **Filtrage** de l'image f pour enlever le bruit (passe-bas)
2. **Calcul du gradient** en chaque pixel :
   - Norme du gradient

   $$N(x,y) = \sqrt{\left(\frac{\partial f}{\partial x}\right)^2 + \left(\frac{\partial f}{\partial y}\right)^2}.$$

   - Direction du gradient grâce à son angle :

   $$\theta(x,y) = \operatorname{atan}\left(\frac{\partial f}{\partial y} \middle/ \frac{\partial f}{\partial x}\right) \text{ si } \frac{\partial f}{\partial x} \neq 0, \ \frac{\pi}{2} \text{ sinon }.$$

3. **Approximation** de θ à un multiple de $\dfrac{\pi}{4}$ près.
4. Si la norme du gradient en un pixel (x,y) est inférieure à la norme du gradient en un de ses deux voisins le long du gradient, mettre la norme $N(x,y)$ à 0 (on supprime les gradients qui ne sont pas des maxima locaux).

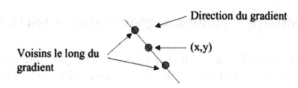

5. **Hystérésis** Soient τ_h et τ_l deux seuils. Si la norme du gradient en un pixel (x,y) est supérieure à τ_h ajouter (x,y) au contour ainsi que tous les points reliés à (x,y) le long de la normale au gradient pour lesquels la norme du gradient est supérieure à τ_l.

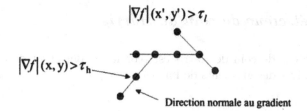

Fig. 5.5 Segmentation : détecteur de Canny

5.3 Détecteurs d'éléments géométriques particuliers

Il arrive qu'on ait besoin d'identifier des éléments géométriques particuliers dans une image, par exemple des droites ou des cercles. Nous présentons deux détecteurs « adaptés » à la recherche d'éléments spécifiques : les coins, qui permettent par exemple des mises en correspondances d'images dans une problématique de stéréographie ou de classifications et les droites.

5.3.1 Détecteur de coin de Harris

Le détecteur de coin de Harris est (comme le détecteur de Canny) basé sur une analyse des gradients de l'image.

Algorithme 2 Détecteur de coin de Harris (version discrète)

---

1. Calculer le gradient discret $\nabla I = (I_x, I_y)$ dans toute l'image , par exemple avec les formules 3.6 p. 58

2. Pour chaque pixel :

   a. Calculer sur un voisinage V du pixel la matrice suivante : $\begin{pmatrix} \sum\limits_{V} I_x I_x & \sum\limits_{V} I_x I_y \\ \sum\limits_{V} I_x I_y & \sum\limits_{V} I_y I_y \end{pmatrix}$.

   b. Calculer les valeurs propres λ_1 et λ_2 (avec $\lambda_2 \leqslant \lambda_1$)

   c. Si la valeur propre minimale $\lambda_2 >$ seuil, conserver les coordonnées du pixel dans une liste L (ce sont les coins)

3. Trier L en ordre décroissant de λ_2

4. Balayer la liste L de haut en bas, pour chaque pixel p_i et éliminer les autres pixels qui appartiennent au voisinage de p_i.

La liste finale contient les points **saillants** pour lesquels $\lambda_2 >$ seuil et dont les voisinages ne se chevauchent pas. Ce sont les pixels les plus faciles à suivre !

5.3.2 Transformation de Hough

La transformation de Hough est utilisée pour détecter de manière systématique la présence de relations structurelles spécifiques entre des pixels dans une image. Par exemple une image représentant un site urbain est composée de nombreuses lignes droites (immeubles, fenêtres) en revanche, une vue de campagne en est quasiment dépourvue [41, 53].

Hough a proposé une méthode de détection basée sur une transformation d'image permettant la reconnaissance de structures simples (droite, cercle) liant des pixels entre eux. Pour limiter la charge de calcul, l'image originale est préalablement limitée aux contours des objets puis binarisée (2 niveaux possibles pour coder l'intensité du pixel).

5.3.2.1 Principe de la méthode pour la recherche de ligne droite

Supposons que l'on suspecte la présence d'une droite Δ reliant un certain nombre de pixels P_i. Soit le pixel P_1 de coordonnées (x_1, y_1). Une **infinité de droites** d'équation : $y_1 = ax_1 + b$ peuvent passer par P_1. Cependant, dans le plan des paramètres (a, b), l'équation qui s'écrit $b = -ax_1 + y_1$ devient une droite **unique** D_1 (voir figures ci-dessous).

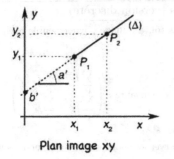

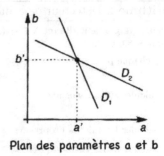

Plan image xy   Plan des paramètres a et b

Fig. 5.6 Principe de la transformation de Hough

Un second pixel $P_2 = (x_2, y_2)$ permet de définir une seconde droite D_2 du type $b = -ax_2 + y_2$ dans le plan (a, b). L'intersection de D_2 avec D_1 fournit le couple (a', b') qui sont les paramètres de la droite recherchée Δ dans le plan image. Ainsi, tous les pixels P_i qui sont alignés sur Δ possède une droite D_i dans le plan (a, b) qui coupe les autres au point particulier (a', b').

5.3.2.2 Représentation normale d'une droite

Dans le plan image, une droite verticale possède des paramètres a et b infinis, ce qui ne permet pas d'exploiter la méthode précédente. Pour contourner ce problème, on utilise la représentation normale des droites. Cette représentation, de paramètres ρ et θ, obéit à l'équation

$$x \cos \theta + y \sin \theta = \rho \ . \tag{5.1}$$

Cette équation représente le produit scalaire (projection) entre les vecteurs $\mathbf{V} = \begin{pmatrix} \cos \theta \\ \sin \theta \end{pmatrix}$ et $\overrightarrow{OM} = \begin{pmatrix} x \\ y \end{pmatrix}$. Ainsi l'ensemble des points M d'une droite se projettent sur un même vecteur particulier de coordonnées polaires (ρ, θ). Les cas de droites horizontales et verticales sont illustrés ci-dessous :

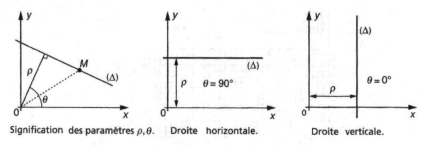

Fig. 5.7 Transformation de Hough : paramétrisation (ρ, θ)

5.3.2.3 Transformation de Hough pour la détection de droites dans une image binaire

Domaine de variation des paramètres θ et ρ

Il est à noter que si (ρ, θ) sont les paramètres d'une droite $(-\rho, \theta + \pi)$ le sont également. Par conséquent l'intervalle $[0, \pi[$ correspond au domaine de variation complet du paramètre θ. Les coordonnées cartésiennes x et y des pixels d'une image numérique sont généralement positives, l'origine étant placée à un sommet de l'image. En considérant une image carrée comportant $N \times N$ pixels, les valeurs de ρ calculées par l'équation (5.1) peuvent être majorées par $\sqrt{2}N$.

Quadrillage du plan (θ, ρ)

On veut déceler dans l'image la présence d'une ou plusieurs structures caractérisées par l'alignement d'un certain nombre de pixels.
Soit les deux intervalles $[\theta_{min}, \theta_{max}]$ et $[\rho_{min}, \rho_{max}]$ dans lesquels on cherche à calculer les paramètres de la représentation normale d'une ou plusieurs droites. Le plan (θ, ρ) limité aux intervalles de recherche, est subdivisé en cellules par quantification des paramètres θ et ρ avec les pas respectifs $\Delta\theta$ et $\Delta\rho$ (indexation par les indices p et q). La figure ci-dessous donne un exemple de quadrillage du plan (θ, ρ). Un tableau $A(p, q)$ dont les valeurs sont initialement mises à zéro, est associé à ce quadrillage

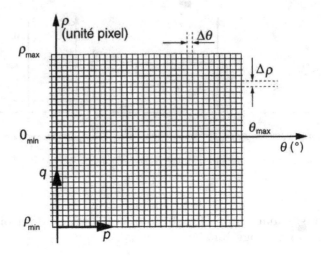

Fig. 5.8 Transformation de Hough : quadrillage

Procédure de transformation

- Pour chaque pixel non nul $P_i(x_i, y_i)$ de l'image, on balaye l'axe des θ de θ_{min} à θ_{max} suivant la trame du tableau et pour chaque θ_p on calcule :

$$\rho = x_i \cos\theta_p + y_i \sin\theta_p.$$

- le résultat ρ obtenu est arrondi à la valeur ρ_q du tableau la plus proche ;
- si à la valeur θ_p correspond la solution ρ_q la valeur $A(p, q)$ est incrémentée d'une unité.

À la fin de cette procédure, $A(p, q) = M$ signifie que M points de l'image sont alignés sur la droite de paramètres approximatifs (θ_p, ρ_q). Après transformation complète, le tableau peut être représenté sous la forme d'une image en niveaux de gris (exemple plus loin) ou celle d'un graphique 3D. La décision sur la détection de droites peut être prise après recherche des coordonnées des valeurs significatives du tableau.

La charge de calcul nécessaire pour réaliser la transformation de Hough est importante. Elle dépend du nombre de paramètres recherchés :
- recherche de droites : 2 paramètres ;
- recherche de cercles : 3 paramètres.

Exemple pour la recherche de droite : pour N pixels non nuls de l'image binaire et K subdivisions de l'axe θ. il y a NK déterminations de l'équation (5.1). Une réduction du temps de calcul peut être obtenue par l'utilisation de tables préenregistrées des conversions $\sin\theta_p$ et $\cos\theta_p$.

5.3.2.4 Exemple

Nous considérons dans cet exemple une image binaire comportant 6 x 6 pixels dont les valeurs sont données dans le tableau suivant

VALEURS BINAIRES DES PIXELS.

1	1	1	1	1	1
0	1	0	0	0	0
0	0	1	0	0	0
0	0	0	1	0	0
0	0	0	0	1	0
0	0	0	0	0	1

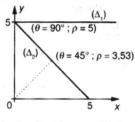

Droites dans l'image originale

Fig. 5.9 Transformation de Hough : exemple

Deux droites Δ_1 et Δ_2 comportant chacune 6 pixels alignés apparaissent dans cette image. La procédure de calcul décrite au paragraphe précédent est utilisée avec les paramètres suivants : θ_p varie de 0 à 180° par pas de 1°.

Plus généralement si on considère une image de taille $N_1 \times N_2$,

$$\rho_{min} = -\sqrt{(N_1 - 1)^2 + (N_2 - 1)^2} \text{ et } \rho_{max} = \sqrt{(N_1 - 1)^2 + (N_2 - 1)^2} .$$

Si on discrétise l'espace de Hough avec une résolution de h_θ (par exemple 1°) pour θ et une résolution de h_ρ pour ρ le tableau de référence est donné par

$$\theta_p = -90 + p h_\theta \text{ avec } p \in \{0, N_\theta\} \text{ et } -90 + N_\theta h_\theta = 90 ,$$

$$\rho_q = \rho_{min} + q h_\rho \text{ avec } q \in \{0, N_\rho\} \text{ et } \rho_{min} + N_\rho h_\rho = \rho_{max}.$$

L'algorithme suivant permet le calcul de la transformation de Hough :

Algorithme 3 Transformation de Hough

$M_{i,j}$ sont les valeurs binaires de l'image originale : $M_{i,j} \in \{0,1\}$
Initialisation de la matrice $A_{p,q} = 0$, $p = 1, \cdots, N_\theta$, $q = 1, \cdots, N_\rho$
for $i = 1 : N_1$ **do**
  for $j = 1 : N_2$ **do**
    if $M_{i,j} \neq 0$ **then**
      for $p = 1 : N_\theta$ **do**
        $q = \text{Round}\left\{\frac{1}{h_\rho}\left[i\cos\left(\frac{p}{180}\pi\right) + j\sin\left(\frac{p}{180}\pi\right)\right] - \rho_{min}\right\}$
        $A_{p,q} = A_{p,q} + 1$
      end for
    end if
  end for
end for

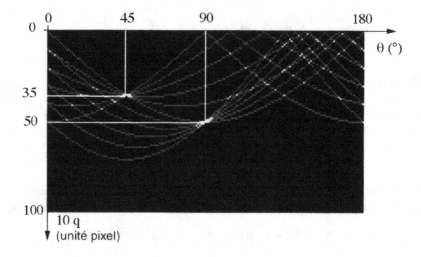

Fig. 5.10 Transformation de Hough des données du tableau

Le même type de programme appliqué à une image binaire donne le résultat ci-dessous :

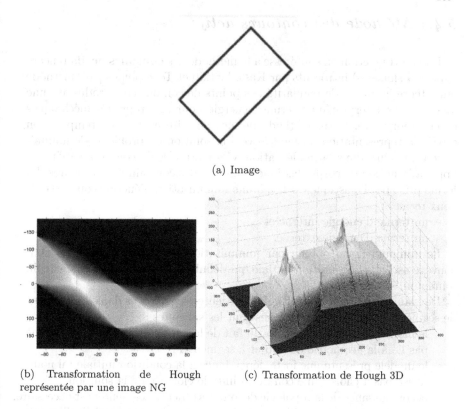

(a) Image

(b) Transformation de Hough représentée par une image NG

(c) Transformation de Hough 3D

Fig. 5.11 Transformation de Hough d'une image binaire

5.4 Méthodes variationnelles

Les méthodes décrites dans les sections précédentes sont faciles à mettre en œuvre mais les résultats dépendent fortement des paramètres (seuil par exemple) choisis. Un seuil choisi trop faible accordera l'étiquette « point de contour » à un nombre trop élevé de points tandis qu'un seuil trop élevé ne permettra d'extraire que les points de fort contraste et les contours détectés ne seront plus connexes (contours non fermés) La représentation mathématique des frontières d'un objet ne sera plus réalisée dans ce cas.

Pour remédier à ce problème, on introduit une régularité sur la modélisation des contours : ceux-ci seront assimilés à des courbes possédant des propriétés de régularité et satisfaisant le critère de détection énoncé précédemment.

5.4.1 Méthode des contours actifs

Dans cette section on s'intéresse à la méthode des **contours actifs** (encore appelés « snakes ») introduits par Kass, Witkin et Terzopoulos [56], méthode qui intègre la notion de régularité des points de contour en introduisant une fonctionnelle interprétée en terme d'énergie pour les propriétés mécaniques qu'elle représente. Cette méthode permet de faire évoluer en temps et en espace la représentation du modèle vers la solution du problème de minimisation introduit dans la modélisation. Ces méthodes de contours actifs font appel à la notion de corps élastique subissant des contraintes extérieures. La forme prise par l'élastique est liée à une minimisation d'énergie composée de deux termes :
- un terme d'énergie interne et
- un terme d'énergie externe.

Le minimum local obtenu par minimisation de cette fonctionnelle non-convexe est lié à la condition initiale qui définit un voisinage de recherche du minimum.

De manière générale, les difficultés majeures rencontrées dans le processus de segmentation par contours actifs sont les suivantes :
- le modèle est non-intrinsèque du fait de la paramétrisation et n'est donc pas lié à la géométrie de l'objet à segmenter ;
- le modèle présente une forte dépendance à la condition initiale : il n'autorise pas à choisir une condition initiale éloignée de la solution ;
- la connaissance de la topologie de/ou/des objets à segmenter est nécessaire, ce qui implique (lorsqu'il y a plusieurs objets à segmenter) l'utilisation de procédures particulières du fait de la paramétrisation ;
- la complexité des images entraîne l'ambiguïté des données correspondantes, en particulier lorsque les données des images manquent et/ou que deux régions de texture similaire sont adjacentes ;
- le bruit sur les données est mal géré.

5.4.1.1 Modélisation

On peut définir un contour actif ou « snake » comme une courbe fermée qui minimise son énergie, influencée par une contrainte interne et guidée par une force d'image qui pousse la courbe vers les contours présents dans l'image. L'espace des formes est l'ensemble Φ des courbes paramétrées (par l'abscisse curviligne) suivant :

$$\Phi = \left\{ v \mid \begin{array}{l} v : [0,1] \to \mathbb{R}^2 \\ s \mapsto (x(s), y(s)) \end{array} , v(0) = v(1) \right\} .$$

L'énergie du « snake » peut s'écrire sous la forme :

$$E_s(v) = E_i(v) + E_e(v) \ .$$

Elle est constituée d'un terme de régularisation interne E_i et d'un terme de potentiel d'attraction ou ajustement aux données E_e.

L'énergie interne peut se décomposer comme suit :

$$E_i(v) = \frac{1}{2} \int_0^1 \left[\alpha |v'(s)|^2 + \beta |v''(s)|^2 \right] ds \qquad (5.2)$$

où $| \cdot |$ désigne la norme euclidienne dans $\mathbb{R}^2$. Le paramètre $\alpha \in L^\infty(0,1)$ est le coefficient d'élasticité (résistance à l'allongement) et $\beta \in L^\infty(0,1)$ est le coefficient de rigidité. Le premier terme de $E_i(v)$:

$$\alpha \int_0^1 |v'(s)|^2 \, ds$$

pénalise la longueur du « snake » : augmenter α tend à éliminer les boucles en réduisant la longueur du contour.

Le second terme

$$\beta \int_0^1 |v''(s)|^2 \, ds$$

pénalise la courbure [1] : augmenter β tend à rendre le « snake » moins flexible.

On fait donc apparaître dans cette expression des propriétés mécaniques du comportement d'un élastique (dérivée du premier ordre) et d'une poutre (dérivée du second ordre). Les modèles déformables se comportent comme des corps élastiques qui répondent naturellement aux forces et aux contraintes qui leur sont appliquées. Notons que le choix $\beta = 0$ autorise néanmoins les discontinuités du second ordre.

En ce qui concerne l'expression de l'énergie externe, plusieurs expressions liées à une fonction potentielle sont à notre disposition. Les contours que l'on souhaite déterminer sont :

- soit assimilés aux points de fort gradient de l'image donnée I. L'expression de E_e fait alors apparaître la norme du gradient, par exemple :

$$E_e(v) = \int_0^1 P(v(s)) \, ds \overset{def}{=} -\lambda \int_0^1 |\nabla I(v(s))|^2 \, ds \ , \qquad (5.3)$$

avec $\lambda > 0$.

- soit assimilés aux points de dérivée seconde nulle (voir le détecteur de Hildrett-Marr, section 5.2.2 , p. 99). Si G_σ désigne un filtre gaussien, on peut choisir

$$E_e(v) = \int_0^1 P(v(s)) \, ds \overset{def}{=} \lambda \int_0^1 |G_\sigma * \Delta I(v(s))|^2 \, ds \ , \qquad (5.4)$$

---

1. Nous renvoyons à l'annexe, Section A.7, pour un rappel de géométrie des courbes planes

La modélisation du problème que l'on propose revient donc à trouver une fonction $\bar{v} \in \Phi \cap \mathcal{X}$

$$\min\{E_s(v) \mid v \in \Phi \cap \mathcal{X}\}. \tag{5.5}$$

Ici $\mathcal{X}$ est un espace fonctionnel adapté à la formulation du problème de minimisation. En effet, nous avons décrit les choses formellement jusqu'à présent. Il est clair que pour définir les différentes énergies, la fonction v doit être dérivable (au sens des distributions) et de dérivées intégrables. En pratique

$$\mathcal{X} = H^1(0,1) \text{ ou } H^2(0,1) \,,$$

espaces de Sobolev (voir annexe, section A.5, p.206). Il s'agit donc d'un problème de minimisation de fonctionnelle (minimisation de l'énergie) que l'on peut résoudre au cas par cas en utilisant les théorèmes et les méthodes classiques d'optimisation présentées dans l'annexe, section A.3.4 par exemple.

5.4.1.2 Conditions d'optimalité

Supposons avoir démontré que le problème (5.5) admet au moins une solution $\bar{v}$. Nous allons utiliser le théorème d'Euler-Lagrange (condition d'optimalité du premier ordre : annexe , théorème 1.3.11, p. 197) pour déterminer l'équation aux dérivées partielles que satisfait $\bar{v}$. Supposons (pour simplifier) que $\mathcal{X} = H^2(0,1)$ de sorte que $v' \in L^2(0,1)$ et $v'' \in L^2(0,1)$. On supposera également que la fonction $P : \mathcal{X} \to L^1(0,1)$ est dérivable (au sens des distributions) et que sa dérivée est dans $L^1(0,1)$ (cet ensemble se note $W^{1,1}(0,1)$). La fonctionnelle coût considérée est

$$E_s(v) = \frac{1}{2} \int_0^1 \left[\alpha |v'(s)|^2 + \beta |v''(s)|^2 \right] ds \ + \int_0^1 P(v(s)) \, ds \,,$$

sur l'espace $\mathcal{X}$. Elle n'est en général pas convexe de sorte que même si on peut (éventuellement) montrer l'existence d'une solution $\bar{u}$, celle ci n'est en général pas unique. D'après le Théorème 1.3.11, si $\bar{u}$ est solution du problème alors

$$\forall v \in \mathcal{X} \qquad \left\langle \frac{dE_s}{dv}(\bar{u}), v \right\rangle = 0 \,.$$

Lemme 5.4.1 *La fonctionnelle E_s est Gâteaux-différentiable et sa Gâteaux-dérivée en $\bar{u}$, dans la direction v est*

$$\left\langle \frac{dE_s}{dv}(\bar{u}), v \right\rangle = \int_0^1 \left[\alpha(s)\bar{u}'(s)v'(s) + \beta(s)\,\bar{u}''(s)\,v''(s) + \nabla_v P(\bar{u}(s))v(s) \right] ds \,.$$

Preuve - La démonstration, facile, est laissée en exercice. $\square$
Soit alors $v \in \mathcal{D}(0,1)$: on obtient

$$\int_0^1 \left[\frac{d}{ds} \left(\alpha \frac{d\bar{u}}{ds} \right)(s)v(s) + \frac{d^2}{ds^2} \left(\beta \frac{d^2\bar{u}}{ds^2} \right)(s)\,v(s) + \nabla_v P(\bar{u})(s)v(s) \right] ds = 0 \, ,$$

c'est-à-dire

$$\frac{d}{ds} \left(\alpha \frac{d\bar{u}}{ds} \right) + \frac{d^2}{ds^2} \left(\beta \frac{d^2\bar{u}}{ds^2} \right) + \nabla_v P(\bar{u}) = 0 \, ,$$

au sens des distributions. Il s'agit ensuite de donner des conditions aux limites : ici elles proviennent de la paramétrisation par abscisse curviligne :

$$v(0) = v(1) = \frac{dv}{ds}(0) = \frac{dv}{ds}(1) \, .$$

En définitive on est ramené à l'étude et à la résolution (numérique) d'une équation aux dérivées partielles :

$$\begin{cases} \dfrac{d}{ds} \left(\alpha \dfrac{d\bar{u}}{ds} \right) + \dfrac{d^2}{ds^2} \left(\beta \dfrac{d^2\bar{u}}{ds^2} \right) + \nabla_v P(\bar{u}) = 0 \text{ dans } \mathcal{D}'(0,1) \\ v(0) = v(1) = \dfrac{dv}{ds}(0) = \dfrac{dv}{ds}(1) \\ v \in \Phi \cap H^2(0,1) \, . \end{cases} \tag{5.6}$$

5.4.1.3 Un modèle dynamique

L'équation écrite ci-dessus exprime un état statique ou état d'équilibre quand on est au minimum d'énergie. Mais bien souvent, alors même qu'on connaît l'existence d'un infimum on n'est pas capable de montrer l'existence d'un minimum, c'est-à-dire le ou les points où l'infimum est atteint. Il faut donc approcher cet état d'équilibre plutôt que le chercher exactement (il n'est parfois pas atteignable). Le principe des modèles *déformables* et de considérer que le contour que l'on cherche est l'état d'équilibre d'un contour qui va évoluer avec le temps. Le problème stationnaire est transformé en un problème dynamique : on cherche la solution $u(x,t)$ d'un problème d'évolution. La courbe cherchée $\bar{u}$ est alors donnée par

$$\bar{u}(x) = \lim_{t \to +\infty} u(t,x) \, .$$

Une manière simple d'imposer un mouvement au contour est d'imposer sa **vitesse** d'évolution $\dfrac{\partial u}{\partial t}(x,t)$ en posant

$$\frac{\partial u}{\partial t}(x,t) = -\nabla_u E_s(u(x,t)) \, . \tag{5.7}$$

En effet, la famille $u(t,\cdot)$ de courbes (indexée par t) que l'on cherche doit être choisie de façon à faire décroître l'énergie E_s qui se rapprochera ainsi de son infimum. Si on fait (formellement) un développement de E_s au premier ordre, on a pour $\delta t > 0$

$$E(u(t + \delta t, \cdot)) - E(u(t, \cdot)) \simeq \langle \nabla_u E(u(t, \cdot)), u(t + \delta t, \cdot) - u(t, \cdot) \rangle \ . \qquad (5.8)$$

Le choix « $u(t + \delta t, \cdot) - u(t, \cdot) = -\delta t \nabla_u E(u(t, \cdot))$ » montre qu'on fait bien décroître l'énergie. En faisant tendre δt vers 0 on obtient (5.7). Ceci conduit à une équation aux dérivées partielles d'évolution (en général parabolique) à laquelle il convient d'ajouter une condition initiale

$$u(t = 0, x) = u_0(x) \text{ (on se donne le contour de départ)}$$

et des conditions aux limites issues de l'analyse du problème stationnaire.

On calcule ensuite cette solution et on s'intéresse à son comportement symptotique (en temps long). En pratique, il suffit de s'arrêter lorsque t est assez grand (c'est-à-dire quand deux valeurs consécutives sont assez voisines).

5.4.1.4 Un exemple

Nous allons illustrer ce qui précède par un exemple. Supposons α strictement positif et $\beta = 0$ (on ne contraint pas la rigidité du contour actif). L'espace fonctionnel des courbes est alors $\mathcal{X} = H^2(0,1) \cap H^1_0(0,1)$ (en prenant en compte la condition aux limites $v(0) = v(1) = 0$. On supposera que l'image I est à dérivée dans L^2 et que

$$v \mapsto \nabla I(v)$$

est continue de $\mathcal{X}$ dans $L^2(0,1)$. Pour assurer l'existence d'un infimum il faut que la fonctionnelle E_s soit minorée. On peut alors prendre pour $P(v)$ une fonction dite de *détection de contours*, par exemple

$$P(v) = \frac{1}{1 + |\nabla I(v)|^2} \ .$$

Cette fonction a le mérite d'être positive et la minimiser revient à maximiser son dénominateur donc le gradient de l'image. La fonctionnelle d'énergie s'écrit alors

$$E_s(v) = \frac{1}{2} \int_0^1 \left[\alpha |v'(s)|^2 + \frac{\lambda}{1 + |\nabla I(v)|^2} \right] ds \ , \ v \in H^2(0,1) \cap H^1_0(0,1).$$

Cette fonctionnelle est minorée, donc l'infimum existe. Toutefois il est encore extrêmement délicat de montrer qu'il est atteint, les propriétés de semi-continuité et surtout de coercivité de E_s n'étant pas évidentes. Dans ce cas, on adopte la démarche « dynamique » comme dans la section précédente. Calculons $\langle \nabla_u E(u(t, \cdot)), u(t + \delta t, \cdot) - u(t, \cdot) \rangle$ pour $\delta > 0$. Un calcul analogue à la section précédente donne

$$\langle \nabla_u E(u(t,\cdot)), u(t+\delta t,\cdot) - u(t,\cdot) \rangle =$$

$$\int_0^1 \left[\alpha u'(t,s)[u'(t+\delta t,s) - u'(t,s)] + \nabla_u P(u)(t,s)[u(t+\delta t,s) - u(t,s)]] \right] ds .$$

Une intégration par parties formelle (mais justifiable) couplée aux conditions aux limites de la forme (courbe fermée) :

$$v(0) = v(1) = \frac{dv}{ds}(0) = \frac{dv}{ds}(1)$$

donne

$$\langle \nabla_u E(u(t,\cdot)), u(t+\delta t,\cdot) - u(t,\cdot) \rangle =$$

$$\int_0^1 \left[-\alpha u''(t,s) + \nabla_u P(u)(t,s) \right] \left[u(t+\delta t,s) - u(t,s) \right] ds .$$

Si on choisit

$$u(t+\delta t,s) - u(t,s) = -\delta t \left[-\alpha u''(t,s) + \nabla_u P(u)(t,s) \right] \quad \text{p.p.}$$

l'énergie va décroître (pour δt assez petit) grâce à l'approximation (5.8). On obtient

$$\frac{u(t+\delta t,s) - u(t,s)}{\delta t} = \alpha u''(t,s) - \nabla_u P(u)(t,s) \quad \text{p.p.}$$

et par passage à la limite lorsque $\delta t \to 0$

$$\begin{cases} \dfrac{\partial u}{\partial t} - \alpha \dfrac{\partial^2 u}{\partial s^2} + \nabla_v P(u) = 0 \text{ dans } \mathcal{D}'(0,1) \\ \forall t > 0 \quad u(t,0) = u(t,1) = \dfrac{du}{ds}(t,0) = \dfrac{du}{ds}(t,1) , \\ \forall s \in [0,1] \quad u(0,s) = u_0(s) \text{ donnée.} \end{cases} \tag{5.9}$$

C'est une équation aux dérivées partielles parabolique non linéaire dont l'étude est en général classique [35].

5.4.1.5 La méthode des lignes de niveau (« Level set »)

Le principe des contours actifs est de faire évoluer une courbe. On a vu dans la section précédente une formulation dynamique qui fait intervenir $\dfrac{\partial u}{\partial t}$ c'est-à-dire la vitesse d'évolution du contour. On va donc s'intéresser à la façon de faire évoluer la courbe et plus généralement à la notion de propagation de fronts.

On se donne une courbe plane (on peut aussi se placer en 3D avec une surface) fermée que l'on supposera régulière (on précisera cela plus tard).

Cette courbe partage le plan en deux régions, l'intérieur et l'extérieur. On oriente la courbe de façon à définir une normale extérieure n. On se donne la vitesse de propagation de la courbe : cette vitesse est portée par la normale :

$$\mathbf{v} = F\mathbf{n} \ ,$$

car on supposera qu'il n'y pas de déplacement tangentiel (pas de rotation ou de glissement par exemple).

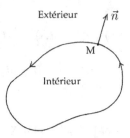

Fig. 5.12 Orientation d'une courbe fermée

La fonction F dépend de plusieurs facteurs :
  – *locaux* déterminés par l'information géométrique locale (comme la courbure et la normale),
  – *globaux* : ce sont ceux qui dépendent de la forme (globale) ou de la position du front. La vitesse peut par exemple inclure une intégrale sur tout le domaine.

Le problème le plus important est la modélisation du front de déplacement de la courbe, c'est-à-dire la formulation de l'expression de la vitesse F. Nous allons supposer ici que la vitesse est connue. On donnera ensuite quelques exemples.

On se donne donc une courbe régulière (par exemple $\mathcal{C}^2$ dont tous les points sont réguliers) Γ_o de $\mathbb{R}^2$. La famille obtenue par déplacement de long de la normale à la vitesse F est notée Γ_t. Si $\phi = (x, y)$ est la position d'un point de la courbe et $\mathbf{n}$ la normale extérieure (unitaire) à la courbe, on aura $F = \mathbf{n} \cdot \phi$. On considère une paramétrisation de la courbe Γ_t par une abscisse curviligne :

$$\phi(s, t) = (x(s, t), y(s, t)) \text{ où } s \in [0, S] \text{ et } \phi(0, t) = \phi(S, t) \ .$$

On paramètre la courbe de façon que l'intérieur soit à gauche de la direction des s croissants.

$n(s, t)$ est une paramétrisation de la normale extérieure et $\kappa(t, s)$ une paramétrisation de la courbure.

On rappelle que dans ce cas la courbure est donnée par

$$\kappa(t,s) = \left[\frac{y_{ss}x_s - x_{ss}y_s}{(x_s^2 + y_s^2)^{3/2}}\right](t,s) \tag{5.10}$$

où x_s désigne la dérivée par rapport à s et x_{ss} désigne la dérivée seconde par rapport à s.

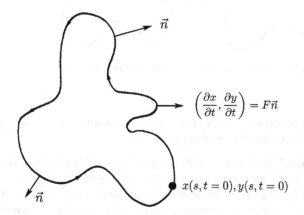

Fig. 5.13 Paramétrisation de la courbe

On se restreint dans ce qui suit à des vitesses ne dépendant que de la courbure locale

$$F = F(\kappa) \ .$$

On obtient alors les équations donnant le mouvement de Γ_t :

$$\begin{cases} x_t = F\left(\frac{y_{ss}x_s - x_{ss}y_s}{(x_s^2 + y_s^2)^{3/2}}\right)\left(\frac{y_s}{(x_s^2 + y_s^2)^{1/2}}\right) \\ y_t = F\left(\frac{y_{ss}x_s - x_{ss}y_s}{(x_s^2 + y_s^2)^{3/2}}\right)\left(\frac{x_s}{(x_s^2 + y_s^2)^{1/2}}\right) \ . \end{cases} \tag{5.11}$$

La variation totale de la courbe Γ_t (ou de la fonction qui la paramètre ϕ) est aussi sa longueur. Elle est donnée par

$$\ell(t) = \int_0^S |\kappa(s,t)|(x_s^2 + y_s^2)^{1/2}\,ds \ .$$

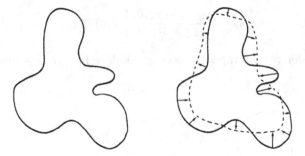

Fig. 5.14 Propagation de front le long de la direction normale

La proposition suivante donne une idée de l'évolution du front lorsque la courbure s'annule (courbe non convexe).

Proposition 5.4.1 *[87] On considère un front évoluant à la vitesse $F(\kappa)$ le long du champ de vecteurs normaux. Supposons que la courbe initiale Γ_o est simple, régulière et non-convexe, de sorte que $\kappa(s,0)$ change de signe. Supposons que F est deux fois différentiable et que κ l'est aussi pour $0 \leqslant s \leqslant S$ et $0 \leqslant t \leqslant T$. Alors, pour tout $0 \leqslant t \leqslant T$*
- *Si $F'(\kappa) \leqslant 0$ (resp. $\geqslant 0$) dès que $\kappa = 0$ alors*

$$\frac{d\ell}{dt} \leqslant 0 \ (resp. \ \geqslant 0 \ )$$

- *Si $F'(\kappa) < 0$ (resp. > 0) et $\kappa \neq 0$ dès que $\kappa = 0$ alors*

$$\frac{d\ell}{dt} < 0 \ (resp. \ > 0 \ )$$

La méthode des lignes de niveaux (« level set ») permet de s'affranchir de la paramétrisation des courbes en terme d'abscisse curviligne. Le prix à payer est une augmentation de la dimension de l'espace dans lequel on travaille. En revanche, cette méthode permet de gérer des changements de topologie. On peut donc segmenter plusieurs objets d'un coup (voir figure 5.16).

L'idée consiste à considérer une courbe plane comme une ligne de niveau d'une surface 3D d'équation $z - \Phi(x, y) = 0$. On choisit le ligne de niveau 0, c'est-à-dire l'intersection de la surface 3D, avec le plan $z = 0$.

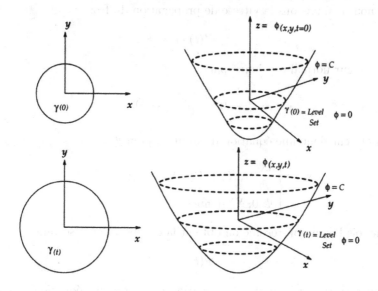

Fig. 5.15 Principe de la méthode « Level set » (Sethian [87])

Plus précisément on va chercher une fonction

$$\Psi : \mathbb{R}^3 \to \mathbb{R}$$

vérifiant

$$\Gamma_t = \{ \, X(t) = (x(t), y(t)) \in \mathbb{R}^2 \mid \Psi(t, X(t)) = 0 \, \} \, . \qquad (5.12)$$

Pour cela, on va partir d'une courbe initiale Γ_o d'équation ψ_o. On pose

$$\Psi(0, X(0)) = \psi_o(X(0)) \, ,$$

et on va faire évoluer la surface en prenant en compte la vitesse d'évolution du front donnée par $X'(t) = \dfrac{dX}{dt}$. L'équation (5.12) se traduit par

$$\forall t \geqslant 0 \qquad \Psi(t, X(t)) = 0 \, .$$

Comme nous cherchons une surface régulière (au moins $\mathcal{C}^1$) nous pouvons dériver et la formule de composition donne

$$\forall t \geqslant 0 \qquad \frac{\partial \Psi}{\partial t}(t, X(t)) + \langle \nabla \Psi(t, X(t)), X'(t) \rangle = 0 \, ,$$

où $\nabla\Psi$ désigne le gradient par rapport à X.

Or nous connaissons la vitesse de propagation du front :

$$X'(t) \cdot \mathbf{n} = F \ .$$

Le vecteur normal est donné par

$$\mathbf{n} = \frac{\nabla\Psi}{|\nabla\Psi|}(X(t)) \ .$$

On obtient donc une équation d'évolution pour Ψ :

$$\begin{cases} \dfrac{\partial\Psi}{\partial t}(t,X) + F(t,X)\,|\nabla\Psi(t,X)| = 0 \ , \\ \Psi(0,X) \text{ donnée} \end{cases} \tag{5.13}$$

Une fois l'équation résolue on obtient la courbe Γ_t en résolvant

$$\Psi(t,X) = 0 \ .$$

Pour certaines valeurs de F, l'équation (5.13) est une équation d'Hamilton-Jacobi :

$$\frac{\partial\Psi}{\partial t} + H(\nabla\Psi) = 0 \ ,$$

où H est le hamiltonien.

Fig. 5.16 La méthode des lignes de niveaux autorise les changements de topologie (Source WIKIPEDIA)

5.4.1.6 Application à la segmentation

Reprenons l'exemple de la section 5.4.1.4. L'équation (5.9) donne la vitesse d'évolution du front :

$$F = \frac{\partial u}{\partial t} = \alpha \frac{\partial^2 u}{\partial s^2} - \nabla_v P(u) \ .$$

$\frac{\partial^2 u}{\partial s^2}$ est à une constante près la courbure κ au point considéré et $P(u)$ peut se réécrire en fonction de $\Psi : \tilde{P}(\Psi)$. L'équation issue de la méthode des lignes de niveau est donc la suivante

$$\frac{\partial \Psi}{\partial t} + k \operatorname{div}\left(\frac{\nabla \Psi}{|\nabla \Psi|}\right) |\nabla \Psi| - \tilde{P}(\Psi)|\nabla \Psi| = 0 \ .$$

Le modèle des ballons (« Balloons »)

Le modèle des ballons (« Balloons ») a été introduit par Laurent Cohen [32]. En effet un des principaux problèmes des « snakes » provient de la condition initiale. Si la condition initiale n'est pas assez proche de la solution, le contour n'évolue pas suffisamment et tend à se localiser sur un minimum local non significatif. L'intérêt du modèle des ballons réside dans la résolution de ce problème.

On ajoute une force supplémentaire que l'on peut appeler « force de gonflage ». La courbe est assimilée à un ballon que l'on gonfle. Deux possibilités sont alors envisageables :
- soit la nuance (dans le cas des intensités) est assez forte et la courbe s'arrête,
- soit la nuance est trop faible et la courbe la surmonte pour aller chercher plus loin.

Grâce à ce modèle de ballons, on peut supprimer deux des inconvénients principaux des « snakes » :
- l'arrêt prématuré de la courbe sur un point non désiré,
- le choix d'une condition initiale très proche du contour à extraire.

Partant d'une courbe initiale orientée, on ajoute au modèle une force de gonflage définie par : $k_1 \mathbf{n}(v(s))$, où $\mathbf{n}$ est la normale unitaire extérieure à la courbe au point $v(s)$. On aboutit alors à l'expression suivante de la force extérieure F :

$$F = k_1 \mathbf{n}(v(s)) - k \frac{\nabla \Psi}{|\nabla \Psi|} \ .$$

Si l'on change le signe de k_1, cela nous donne un dégonflage au lieu d'un gonflage. Notons aussi que k_1 et k sont approximativement du même ordre. Le paramètre k est cependant un peu plus grand que k_1 pour que le « snake » soit arrêté par les bons points.

Finalement, on obtient

$$\begin{cases} \dfrac{\partial \Psi}{\partial t}(t,x) = g(|\nabla I|)(x)|\nabla \Psi|(\kappa + c) + \nabla g \, \nabla \Psi \text{ dans }]0,T[\times \Omega \\ \dfrac{\partial \Psi}{\partial n} = 0 \text{ sur }]0,T[\times \partial\Omega \\ \Psi(0,x) = \Psi_o(x) \qquad \forall x \in \Omega \end{cases}$$

où I est l'image à segmenter, $\kappa(t,x) = \text{div}\left(\dfrac{\nabla \Psi}{|\nabla \Psi|}\right)(t,x)$ est la *courbure* et c est une force ballon donnée.

– On prend pour Ψ_o la distance (signée) à un contour initial donné Γ_o :

$$\Psi_o(x) = d(x,\Gamma_o)$$

et g est un détecteur de contour : par exemple $g(t) = \dfrac{1}{1 + \beta t^2}$.

– On utilise des différences finies centrées pour discrétiser le terme $g(|\nabla I|)(x)|\nabla u|\kappa$

Lorsque $\nabla \Psi$ devient trop grand à l'étape n, on effectue une étape de *réinitialisation*

– $v^o = \Psi^n$, $p = 0$
– $v_{i,j}^{p+1} = v_{i,j}^p - \delta t \, (\text{ signe }(v_{i,j}^p B(v)_{i,j}^p)$, où

$$B(v)_{i,j}^p = \begin{cases} \sqrt{\max((a^+)^2,(b^-)^2) + \max((c^+)^2,(d^-)^2)} - 1 \text{ si } v_{i,j}^p > 0 , \\ \sqrt{\max((a^-)^2,(b^+)^2) + \max((c^-)^2,(d^+)^2)} - 1 \text{ si } v_{i,j}^p < 0 , \\ 0 \qquad\qquad\qquad\qquad\qquad\qquad\qquad\qquad \text{sinon} , \end{cases}$$

où $a^+ = \max(a,0)$ et $a^- = \min(a,0)$ et

$$a = \delta_x^- v_{i,j}^p, \; b = \delta_x^+ v_{i,j}^p, \; c = \delta_y^- v_{i,j}^p, \; d = \delta_y^+ v_{i,j}^p ,$$

– Lorsque $p = pmax$ est assez grand on choisit comme nouvelle initialisation de Ψ : $\Psi_o = v^{pmax}$.

La méthode des ensembles de niveaux repose sur un modèle de propagation de fronts. Une méthode numérique performante est la *Fast Marching Method* (FFM) que nous ne décrirons pas ici. On pourra se référer à [87, 92, 36].

L'exemple ci-dessous est extrait de la thèse de C. Leguyader [58] dans laquelle on trouvera également différents modèles de contours actifs.

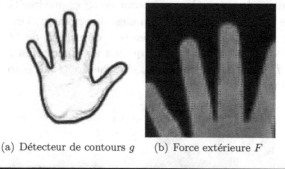

(a) Détecteur de contours g(b) Force extérieure F

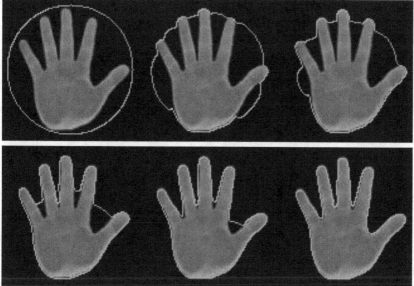

(c) Itérations - évolution du contour

Fig. 5.17 Segmentation par contours actifs (d'après [58]).

5.4.2 Le modèle de Mumford-Shah

La méthode des contours actifs a le défaut d'être dépendante de la paramétrisation de la courbe (via l'abscisse curviligne) si le paramètre β est non nul. Une alternative est d'introduire des contours actifs géométriques basés sur les propriétés géométriques intrinsèques de la courbe.

Une autre est de formuler le problème sans paramétrer la courbe mais en gardant un principe de minimisation d'énergie. C'est le modèle de Mumford-Shah [72].

On se donne un domaine Ω ouvert borné de $\mathbb{R}^2$ et une fonction $u^* : \Omega \to \mathbb{R}$ qui représente les niveaux de gris de l'image à segmenter. On va chercher les contours sous la forme d'un sous ensemble compact Γ de $\bar{\Omega}$, reconstruit à partir des discontinuités de u^*, ainsi qu'une approximation régulière de u^* en dehors de Γ qu'on appellera u. On cherche donc une paire (Γ, u) qui va minimiser la fonctionnelle suivante :

$$J_{MS}(\Gamma, u) = \alpha \int_{\Omega \setminus \Gamma} |u - u^*|^2 \, dx + \beta \int_{\Omega \setminus \Gamma} |\nabla u|^2 \, dx + \ell(\Gamma) \ . \qquad (5.14)$$

Remarque 5.4.1 *(i) Le modèle original de Mumford-Shah [72] fait interve-nir la mesure de Hausdorff de Γ et non sa longueur $\ell(\Gamma)$.*
(ii) On reconnaît dans $J_{MS}(\Gamma, u)$:

   – *un terme d'ajustement aux données* $\int_{\Omega \setminus \Gamma} |u - u^*|^2 \, dx,$

   – *un terme de régularisation* $\int_{\Omega \setminus \Gamma} |\nabla u|^2 \, dx$ *pour u et*

   – *un terme de régularisation pour les courbes constituant Γ : $\ell(\Gamma)$.*
(iii) α et β sont des paramètres d'échelle et de contraste respectivement.

L'existence de solution(s) au problème

$$\min J_{MS}(\Gamma, u) \ ,$$

est un problème difficile.

En pratique on va approcher la fonctionnelle de Munford-Shah. Il existe de nombreuses méthodes pour approcher la fonctionnelle de Mumford Shah L'approche par fonctionnelles elliptiques [5] consiste à introduire une fonction auxiliaire v qui approche la fonction caractéristique $1 - \chi_\Gamma$. On peut considérer la suite de fonctionnelles suivantes :

$$F_\varepsilon(u, v) = \alpha \int_\Omega (u - u^*)^2 dx + \beta \int_\Omega v^2 |\nabla u|^2 dx + \int_\Omega \left(\varepsilon |\nabla v|^2 + \frac{1}{4\varepsilon}(v - 1)^2 \right) \, dx \ .$$

Pour trouver le minimum de F_ε on est amené à résoudre le système :

$$DF_\varepsilon(u, v) = 0 \ ,$$

c'est-à-dire

$$\begin{cases} \dfrac{\partial u}{\partial t} = -\alpha(u - u^*) + \beta \ \mathrm{div} \ (v^2 \nabla u) \\ \dfrac{\partial v}{\partial t} = \varepsilon \Delta v - \frac{1}{4\varepsilon}(v - 1) - \beta |\nabla u|^2 v \ , \end{cases}$$

auquel on rajoute les conditions aux limites usuelles. On peut par exemple utiliser un schéma d'Euler explicite en temps.

Algorithme 4 Algorithme (point fixe et schéma d'Euler explicite)

Initialisation : $n = 0$; $u_0 = u^*$, $v_0 = 0$ - choix d'un pas de temps δt
Itération n : on pose

$$\begin{cases} u_{n+1} = u_n + \delta t \left(-\alpha(u_n - u^*) + \beta \operatorname{div} (v_n^2 \nabla u_n) \right) \\ v_{n+1} = v_n + \delta t \left(\varepsilon \Delta v_n - \frac{1}{4\varepsilon}(v_n - 1) - \beta |\nabla u_{n+1}|^2 v_n \right) \end{cases}$$

Stop si un critère d'arrêt est satisfait (ici $\|v_{n+1} - v_n\| \leqslant$ tol.)

La figure qui suit représente les fonctions (u, v) données par l'algorithme (4) pour $\alpha = \beta = 1$ et $\varepsilon = 10^{-3}$ ($\delta t = 10^{-3}$, tol $= 10^{-3}$ et 300 itérations maximum).

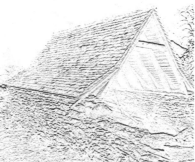

(a) Partie régulière u

(b) Fonction v (recadrée avec la fonction imadjust de MATLAB)

Fig. 5.18 Segmentation par le modèle Mumford-Shah : $\alpha = \beta = 1$, $\varepsilon = 10^{-3}$

Dans les figures 5.19-5.20, nous donnons un aperçu de l'influence des paramètres β et ε du modèle (α est fixé à 1). Seule, la fonction v qui approche la fonction caractéristique des contours est représentée.

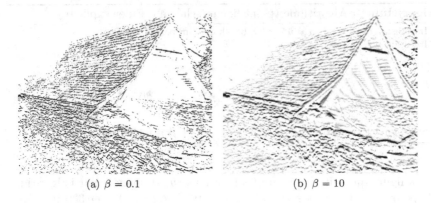

(a) $\beta = 0.1$ (b) $\beta = 10$

Fig. 5.19 Sensibilité à β avec $\varepsilon = 10^{-3}$, $\alpha = 1$.

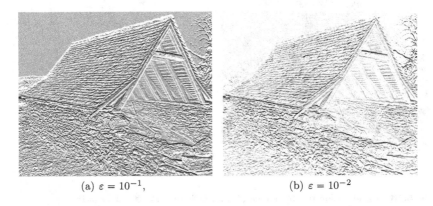

(a) $\varepsilon = 10^{-1}$,   (b) $\varepsilon = 10^{-2}$

Fig. 5.20 Sensibilité à ε avec $\beta = 1$, $\alpha = 1$.

5.5 Fermeture des contours

La plupart des algorithmes de segmentation ne fournissent malheureusement pas des contours fermés. On ne peut donc pas séparer clairement différentes régions de l'image. Il existe cependant des méthodes permettant de fermer les contours. Toutefois, il faut être prudent sur leur utilisation et s'assurer que la discontinuité d'un contour provient bien d'une lacune d'une méthode de segmentation et non d'une discontinuité réelle. A titre d'exemple, certaines images IRM de réseaux vasculaires sont difficiles à segmenter et les contours obtenus qui correspondent aux vaisseaux sanguins sont souvent

fermés « artificiellement » car l'idée naturelle du non spécialiste est de penser
qu'un vaisseau sanguin ne peut pas s'interrompre... or c'est précisément le cas
dans certaines maladies (où les vaisseaux se nécrosent) et ce sont précisément
les ruptures de contour qui sont pathologiques et qu'on veut identifier. Dans
un tel contexte, des méthodes de fermeture de contour sont complètement
inadaptées.

Nous présentons une méthode de base classique basée sur un seuillage
de gradient comme dans le détecteur de Canny (section 5.2.3, p. 100) :
la méthode par hystérésis. Un seuillage de gradient donne en général les
contours, mais si le seuil est trop grand le contour peut ne pas être complètement détecté et il apparaît des discontinuités. Avec un seuillage par hystérésis
on adapte le seuil au voisinage du pixel où le contour s'interrompt pour cap-
ter des gradients moins élevés.

Précisons la technique : soit f une image en niveaux de gris (pour simplifier).
On se donne deux paramètres de seuillage θ_1 (seuil haut) et θ_2 (seuil bas), où
$\theta_1 > \theta_2$ sont fixés tels que $\min f \leqslant \theta_1$ et $\theta_2 \leqslant \max f$: θ_1 et θ_2 sont les seuils
supérieur et inférieur utilisés dans la méthode par hystérésis. On construit
ainsi deux ensembles de pixels :

$$S_1 = \{x \in \mathbb{R}^n | f(x) \geqslant \theta_1\} \tag{5.15}$$

$$S_2 = \{x \in \mathbb{R}^n | f(x) \geqslant \theta_2\} \tag{5.16}$$

qui sont utilisés comme masques binaires. On veut trouver un contour $\mathcal{C}$ tel
que $S_1 \subset \mathcal{C} \subset S_2$. Dans la figure 5.21 les points A et B sont les deux bouts
d'un contour obtenu après une premier procédé de segmentation. La méthode
de fermeture du contour consiste à travailler sur des voisinages $\mathcal{V}(A)$ et $\mathcal{V}(B)$
qui contiendront les parties manquantes du contour. Pour cela, on effectue
un seuillage moins contraignant.

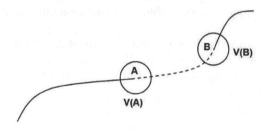

Fig. 5.21 Seuillage par hystérésis

Algorithme 5 Algorithme de fermeture des contours par hystérésis

---

Initialisation : Choix de deux seuils : $\theta_1 \geqslant \theta_2$. L'image à segmenter est f.

   Etape 1 : Seuillage global

L'image I est l'image binaire représentant les contours, égale à 1 sur les pixels p tels que $|\nabla f(p)| \geqslant \theta_1$ et 0 ailleurs.

   Etape 2 : Seuillage local

On se place aux pixels p de l'image I qui correspondent aux contours ($I(p) = 1$). Pour chacun de ces pixels on se donne un voisinage. Si on trouve un pixel p' dans le voisinage tel que $I(p') = 0$ et $|\nabla f(p')| \geqslant \theta_2$, on pose $I(p') = 1$ et le pixel p' est inclus dans le contour.

   Etape 3 : Sélection - On élimine les contours non significatifs.

Si on choisit $\theta_1 >> \theta_2$, alors l'image obtenue avec le seuillage θ_1 contient peu de contours qui peuvent être discontinus, alors que l'image obtenue avec le seuillage θ_2 a beaucoup de *faux* contours.

5.6 Segmentation en régions

Nous abordons très brièvement la segmentation en région, même si c'est une problématique très importante. En effet, lorsqu'on a effectué une segmentation des contours il est souvent crucial de savoir quelles régions ces contours (s'ils sont fermés) déterminent : il convient donc de les étiqueter par des méthodes de classification. La classification consiste à attribuer une étiquette à chaque pixel d'une image, cette étiquette indiquant à quelle classe appartient le pixel. Elle peut être vue comme un problème de partition. C'est un des objectifs de base du traitement d'images. Elle intervient dans de nombreuses applications, comme par exemple la télédétection. La classification est un problème très proche de celui de la segmentation, dans le sens où le but consiste à obtenir une partition de l'image en régions homogènes. Dans la classification, chaque sous-ensemble de la partition obtenue représente une classe.

Les méthodes statistiques dépassent largement le cadre de ce livre et nous renvoyons à [62] pour plus de détails. Nous présentons très rapidement quelques méthodes classiques sans en détailler les subtilités.

5.6.1 Segmentation par seuillage d'histogramme

La méthode la plus simple consiste à repérer les différents pics de l'histogramme de l'image par exemple par une technique de démélange (algorithme EM par exemple) qui permet de caractériser les différents pics par leurs moyennes et leurs écart-types. On peut alors séparer les différentes régions. Cette méthode n'est performante que si l'image comportant clairement plusieurs modes (niveaux de gris comparables) comme les images binaires (noir et blanc) par exemple. Elle n'est pas utilisable si l'image est bruitée ou texturée. Le seuillage (c'est -à-dire la séparation de l'histogramme) se fait par un calcul automatique du seuil avec des outils statistiques (maximisation de la variance par exemple).

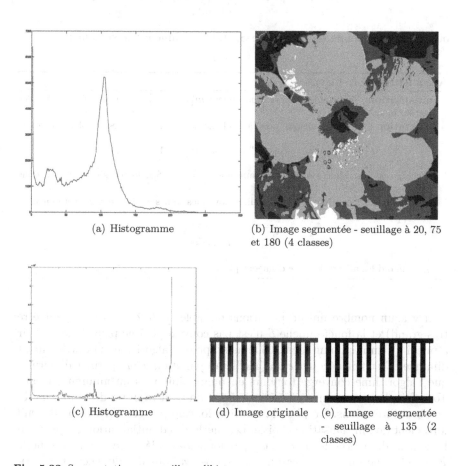

(a) Histogramme

(b) Image segmentée - seuillage à 20, 75 et 180 (4 classes)

(c) Histogramme

(d) Image originale

(e) Image segmentée - seuillage à 135 (2 classes)

Fig. 5.22 Segmentation par seuillage d'histogramme

5.6.2 Algorithme K-means

L'algorithme des « K-means » (K-moyennes) [59, 61] est une méthode statistique de partitionnement de données : son but est de regrouper les observations en K classes (ou *clusters*) dans lesquelles chaque observation (ici un pixel caractérisé par son niveau de gris) appartient à la partition avec la moyenne la plus proche. Plus précisément si on note $\mathcal{S}$ l'ensemble de toutes les partitions possibles des pixels en K ensembles $S_1, \cdots, S_K$ on veut minimiser sur $\mathcal{S}$ la fonctionnelle

$$\mathcal{E}(S_1, \cdots, S_K) = \sum_{i=1}^{K} \sum_{x_j \in S_i} \|x_j - \mu_i\|^2$$

où μ_i est la moyenne des points de S_i. L'algorithme est le suivant :

Algorithme 6 K-means

Initialisation. Ensemble de K moyennes $m_1^1, \cdots, m_K^1$ (par exemple générées aléatoirement) ; $n = 1$.

Affectation : on affecte chaque pixel à la classe dont la moyenne est la plus proche

$$S_i^n = \left\{ x_p : \|x_p - m_i^n\| \leqslant \|x_p - m_j^n\| \ \forall \ 1 \leqslant j \leqslant K \right\},$$

où chaque x_p est affecté à **exactement** une classe de S^n, même s'il peut être dans plusieurs classes.

Actualisation : on calcule les nouvelles moyennes, qui sont les centres des nouvelles classes

$$m_i^{n+1} = \frac{1}{|S_i^n|} \sum_{x_j \in S_i^n} x_j \ .$$

Arrêt quand les affectations ne changent plus.

Il y a un nombre fini de partitions possibles à K classes (qui peut être très grand) et la fonctionnelle $\mathcal{E}$ n'est pas convexe. On ne peut donc obtenir a priori qu'un minimum local. Chaque étape de l'algorithme fait strictement diminuer $\mathcal{E}$ et fait découvrir une meilleure partition. Cela permet d'affirmer que l'algorithme converge toujours en temps fini (vers un minimum local). Toutefois, la convergence peut être lente et on peut rajouter des limiteurs du nombre d'itérations. De plus, la solution fournie par cet algorithme dépend fortement de l'initialisation choisie. Les méthodes d'initialisation les plus utilisées sont des méthodes *Forgy* et le partionnement aléatoire [51]. La méthode *Forgy* effectue un choix aléatoire de K observations des données et les utilise comme moyennes (centres) initiales. Le partitionnement aléatoire assigne aléatoirement une classe à chaque observation et effectue l'étape d'actualisation c'est-à-dire le calcul des moyennes des éléments des classes ainsi définies. Selon [51] la méthode *Forgy* est préférable pour l'algorithme des K-means. Enfin, le fait de devoir choisir a priori le paramètre K peut être aussi un inconvénient.

(a) Original   (b) 2 clusters

(c) 3 clusters   (d) 4 clusters

Fig. 5.23 Segmentation par *K-means*

5.6.3 Croissance de régions

Les méthodes par croissance de régions partent d'un premier ensemble de régions, qui peuvent être calculées automatiquement (par exemple, les minima de l'image), ou fournies par un utilisateur de manière interactive. Les régions grandissent ensuite par incorporation des pixels les plus similaires suivant un critère donné, tel que la différence entre le niveau de gris du pixel considéré et le niveau de gris moyen de la région. Cette technique consiste à faire progressivement grossir les régions autour de leur point de départ.

L'algorithme se compose de deux étapes :

1. Trouver les points de départ des régions : c'est la partie critique de l'algo-rithme. En effet, l'étape de croissance suivante va utiliser une *mesure de similarité* pour choisir les pixels à agglomérer. Si le point de départ est situé dans une zone non homogène, la mesure de similarité va produire de fortes variations et la croissance va s'arrêter très tôt. Par conséquent, il

convient de choisir les points de départs (graines ou *seeds* en anglais) dans des zones les plus homogènes possibles.

2. Croissance : cette étape a pour objectif de faire grossir une région en agglomérant des pixels voisins. Les pixels sont choisis afin de maintenir l'homogénéité de la région. Pour cela, il faut définir un *indicateur d'ho-mogénéité*. Les pixels voisins sont ajoutés à la région si cet indicateur reste vrai. La croissance s'arrête lorsqu'on ne peut plus ajouter de pixels sans briser l'homogénéité.

Les indicateurs d'homogénéité d'une région $\mathcal{R}$ dans une image f peuvent être les suivants :

1. le contraste sur la région : $\max_{\mathcal{R}} f(x, y) - \min_{\mathcal{R}} f(x, y) < \sigma$,

2. l'écart-type de la région :

$$\frac{1}{N} \sum_{\mathcal{R}} (f(x, y) - m)^2 < \sigma^2 \, ,$$

où $N = |\mathcal{R}|$ est le cardinal de $\mathcal{R}$ et $m = \dfrac{1}{N} \sum_{\mathcal{R}} f(x, y)$ la moyenne des niveaux de gris de la région $\mathcal{R}$,

3. les différences sur des voisinages

$$\forall (p_1, p_2) \in \mathcal{R} \times \mathcal{R}, \text{ voisins} \qquad |f(p_2) - f(p_1)| < \sigma \, ,$$

etc.

où $\sigma > 0$ est un seuil fixé.

(a) Original   (b) Tolérance $\sigma = 30$ pixels

Fig. 5.24 Segmentation par croissance de régions

Les algorithmes de segmentation par ligne de partage des eaux, développés dans le cadre de la morphologie mathématique et présentés dans le chapitre 6, appartiennent à cette catégorie.

5.6.4 Décomposition et fusion (Split and merge)

Les algorithmes de type décomposition/fusion exploitent les caractéristiques propres de chaque région (surface, intensité lumineuse, colorimétrie, texture, etc.). Cette technique enchaîne les deux phases suivantes :

1. Décomposition (*Split*) : on découpe itérativement l'image jusqu'à avoir des blocs contenant exclusivement des pixels similaires. Les critères de similarité ou d'homogénéité sont analogues à ceux qu'on utilise pour la croissance de régions. La méthode couramment utilisée consiste à faire une dichotomie par blocs de l'image. Pour cela, on commence par définir un bloc de la taille de l'image, puis on examine le contenu de ce bloc. Si le bloc est homogène (c'est-à-dire s'il contient exclusivement des pixels similaires) alors on arrête la décomposition. Sinon, on découpe le bloc en 4 sous-blocs et on examine le contenu de chaque sous-bloc. On continue jusqu'à ce qu'il n'y ait plus besoin de décomposer les blocs. Le résultat obtenu est donc un ensemble jointif de blocs de différentes tailles qui recouvre entièrement l'image.

L'implémentation la plus simple pour cette méthode consiste à définir une structure d'arbre appelée *QuadTree*. C'est un arbre dans lequel chaque nœud représente un bloc. Chaque nœud possède donc 0 sous-nœud (bloc homogène) ou 4 sous-nœuds (bloc non-homogène).

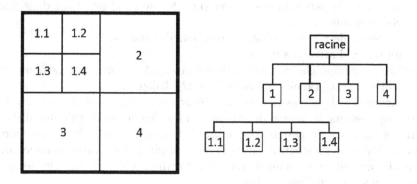

Fig. 5.25 Quad Tree

La décomposition finale est définie par les blocs associés aux feuilles de l'arbre. On obtient ainsi une liste de blocs de différentes tailles et positions. Si la structure du QuadTree permet une navigation aisée entre bloc conteneur (parent) et sous-blocs (enfants), elle ne permet pas de naviguer facilement entre des blocs voisins. Pour cela, il est préférable de construire et d'utiliser un graphe d'adjacence.

2. Fusion (*Merge*) : on regroupe les blocs voisins s'ils sont similaires. On définit un critère de similarité entre blocs. Le plus simple est d'étendre la définition de similarité entre pixels définie lors de l'étape de décomposition. Ainsi, on peut assimiler un bloc à un « gros » pixel en calculant sa valeur/couleur moyenne, et en utilisant le graphe d'adjacence pour naviguer vers les blocs voisins.

Cet algorithme construit les régions une par une, en regroupant progressivement les blocs jointifs autour d'un bloc de départ. L'algorithme amalgame les blocs adjacents à la région, formant ainsi une région de plus en plus grande. [2]

5.6.5 Méthode variationnelle

La méthode qui suit est une méthode variationnelle, inspirée de la méthode de Mumford-Shah (section 5.4.2, p.123). Pour plus de détails on peut se référer à [93].

Nous supposons connu le nombre K de classes dans l'image u_0, ainsi que leurs caractéristiques. Si $1 < k < K$, on note C_k la classe correspondante. L'objectif est d'obtenir une partition de l'image par les différentes classes (nous considérons le problème de classification comme un problème de partition). Pour cela, nous allons minimiser une fonctionnelle comportant trois termes :
- un terme de partition des classes (i.e. chaque pixel est classé dans une classe et une seule),
- un terme de régularisation des contours des classes,
- un terme d'attache aux données.

On utilise une approche variationnelle par ensembles de niveaux. Le domaine de l'image, Ω, est la réunion d'ensembles Ω_k disjoints.

Chacune des deux classes sera caractérisée par son niveau de gris moyen. Si on suppose que le niveau de gris moyen de chaque classe suit une distribution gaussienne de paramètres (m_k, σ_k). On peut, pour cette étape, faire un démélange de l'histogramme de l'image en plusieurs courbes gaussiennes pour obtenir automatiquement (par un algorithme EM par exemple) les caractéristiques des différentes classes.

---

2. http://xphilipp.developpez.com/articles/segmentation/regions/?page=page_3

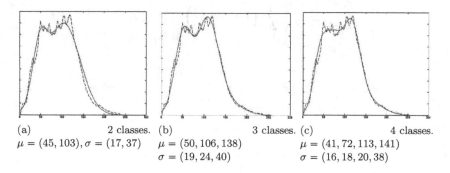

(a)   2 classes.   (b)   3 classes.   (c)   4 classes.

$\mu = (45, 103), \sigma = (17, 37)$ $\mu = (50, 106, 138)$ $\mu = (41, 72, 113, 141)$

$\sigma = (19, 24, 40)$ $\sigma = (16, 18, 20, 38)$

Fig. 5.26 Histogramme de l'hibiscus (en pointillé) et décomposition en gaussiennes (en trait plein)

On note $\Omega_k = \{x \in \Omega \mid x$ est dans la classe $k\}$ et on suppose que pour chaque Ω_k il existe une fonction lipschitzienne $\varphi_k : \Omega \to \mathbb{R}$ telle que

$$\begin{cases} \varphi_k(x) > 0 \text{ si } x \in \Omega_k \ , \\ \varphi_k(x) = 0 \text{ si } x \in \partial\Omega_k \ , \\ \varphi_k(x) < 0 \text{ sinon} \end{cases}$$

Ω_k est ainsi entièrement déterminé par φ_k et on pose $\Phi = (\varphi_1, \cdots, \varphi_K)$. Le modèle peut alors s'écrire

$$\min_{\Phi} F(\Phi) \ ,$$

où l'énergie à minimiser est

$$F(\Phi) = \lambda \sum_{k=1}^{K} \int_{\partial\Omega_k} |\nabla\varphi_k| dx + \sum_{k=1}^{K} \int_{\Omega_k} \frac{(u_0(x) - m_k)^2}{\sigma_k^2} \, dx,$$

c'est-à-dire

$$F(\Phi) = \lambda \int_{\Omega} \sum_{k=1}^{K} |\nabla\varphi_k| \delta(\varphi_k) + \int_{\Omega} \sum_{k=1}^{K} \frac{(u_0(x) - m_k)^2}{\sigma_k^2} H(\varphi_k(x)) \, dx,$$

où δ est la mesure de Dirac en 0 et H la fonction de Heaviside (indicatrice de $]0, +\infty[$). Nous allons remplacer δ et H par des approximations (continues) classiques (figure 5.27). Pour $\alpha > 0$ on définit

$$H_\alpha \begin{cases} \frac{1}{2}\left(1 + \frac{s}{\alpha} + \frac{1}{\pi}\sin\frac{\pi s}{\alpha}\right) & \text{si } |s| \leqslant \alpha \ , \\ 1 & \text{si } s > \alpha \\ 0 & \text{si } s < -\alpha \end{cases}$$

et

$$\delta_\alpha = H'_\alpha = \begin{cases} \dfrac{1}{2\alpha}\left(1 + \cos\dfrac{\pi s}{\alpha}\right) & \text{si } |s| \leq \alpha \,, \\ 0 & \text{si } |s| > \alpha \end{cases}$$

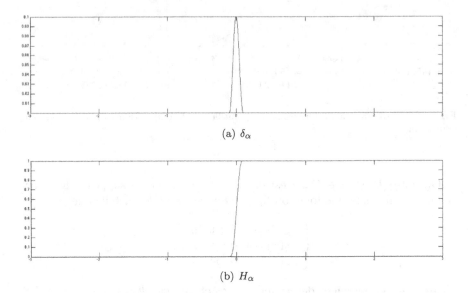

(a) δ_α

(b) H_α

Fig. 5.27 Approximations de la mesure de Dirac et de la fonction de Heaviside

On doit donc minimiser la fonctionnelle approchée :

$$F_\alpha(\Phi) = \lambda \int_\Omega \sum_{k=1}^K |\nabla \varphi_k(x)| \, \delta_\alpha(\varphi_k(x)) \, dx + \int_\Omega \sum_{k=1}^K \frac{(u_0(x) - m_k)^2}{\sigma_k^2} \, H_\alpha(\varphi_k(x)) \, dx.$$

Considérons par exemple le cas de deux classes de sorte que nous pouvons nous contenter d'une seule fonction $\varphi = \varphi_1$ (et $\varphi_2 = -\varphi$). La fonctionnelle s'écrit dans ce cas

$$F_\alpha(\varphi) = \lambda \int_\Omega \delta_\alpha(\varphi)|\nabla\varphi| + \int_\Omega H_\alpha(\varphi)\frac{(u_0 - m_1)^2}{\sigma_1^2}\, dx + \int_\Omega H_\alpha(-\varphi)\frac{(u_0 - m_2)^2}{\sigma_2^2}\, dx,$$

où $\lambda > 0$ et u_0 est l'image. La minimisation de F conduit au schéma dynamique suivant

$$\frac{\partial \varphi}{\partial t} = \delta_\alpha(\varphi)\left(\operatorname{div}\left(\frac{\nabla\varphi}{|\nabla\varphi|}\right)\left(\frac{(u_0 - m_1)^2}{\sigma_1^2} - \frac{(u_0 - m_2)^2}{\sigma_2^2}\right)\right).$$

Chapitre 6
Morphologie mathématique

Dans ce chapitre nous présentons succinctement les grands principes de la morphologie mathématique. Pour plus de détails on se référera au chapitre 5 de [62] ou à [86, 73, 74].

La morphologie mathématique *ensembliste* traite les images binaires et fait appel à la théorie des ensembles. Cette technique permet entre autres, de faire

- du filtrage : pour conserver ou supprimer des structures d'une image possédant certaines caractéristiques, notamment de forme,
- de la segmentation : pour obtenir une partition de l'image en ses différentes régions d'intérêt. Généralement, on cherche à séparer les objets de l'image du fond.

Avant de présenter les techniques particulières au filtrage et à la segmentation nous devons définir les opérations (ensemblistes) de base de la morphologie mathématique. La morphologie mathématique *fonctionnelle,* à la différence de la morphologie mathématique ensembliste, s'applique aux images en niveaux de gris.

6.1 Morphologie mathématique ensembliste

6.1.1 Les opérations de base

La question est de savoir si une certaine forme est incluse dans tout ou partie de l'image. Une sonde possédant une certaine forme, appelée *élément structurant*, est utilisée pour parcourir l'image : c'est un ensemble B non vide de $\mathbb{R}^n$ qui va être fondamental pour définir les opérations morphologiques. Cet élément structurant peut avoir une taille ou une forme quelconque choisie en fonction du traitement qu'on souhaite appliquer à l'image. En pratique,

© Springer-Verlag Berlin Heidelberg 2015
M. Bergounioux, *Introduction au traitement mathématique des images - méthodes déterministes,* Mathématiques et Applications 76,
DOI 10.1007/978-3-662-46539-4_6

ce sont des segments, des disques, des carrés, des hexagones etc. si $n = 2$ ou des cubes, des sphères si $n = 3$.

Fig. 6.1 Image test (860 x 780 pixels)

Définition 6.1.1 *Soient X et Y deux ensembles non vides de $\mathbb{R}^n$. L'addition de Minkowski est l'opération ensembliste définie par :*

$$X \oplus Y = \{\, x + y \mid x \in X,\ y \in Y \,\}.$$

Dans ce qui suit on fixe un élément structurant B. Pour tout $x \in \mathbb{R}^n$ on note $B_x = \{x + y \mid y \in B \}$ le translaté de B par x.

Définition 6.1.2 (Dilatation binaire) *La dilatation d'un ensemble X par un élément structurant B est définie par :*

$$D_B(X) = X \oplus B = \bigcup_{x \in X} B_x.$$

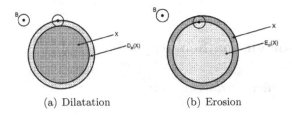

(a) Dilatation   (b) Erosion

Fig. 6.2 Principe de la dilatation et de l'érosion d'un ensemble

Il est facile de voir que l'opération de dilatation vérifie les propriétés suivantes :

Proposition 6.1.1 *Soient B, B' deux éléments structurants et $X, X' \subset \mathbb{R}^n$ (non vides).*

1. *La dilatation est extensive* $X \subset D_B(X)$.

2. *Elle est croissante*

$$X \subset X' \Longrightarrow D_B(X) \subset D_B(X') \,.$$

3. *Elle commute avec la réunion mais pas avec l'intersection :*

$$D_{B \cup B'}(X) = D_B(X) \cup D_{B'}(X) \text{ et } D_{B \cap B'}(X) \subset D_B(X) \cap D_{B'}(X) \,.$$

4. *Elle est associative :* $D_{B'}(D_B(X)) = D_{B \oplus B'}(X)$.

Comme le montre la figure 6.3
- tous les objets vont « grossir » d'une partie correspondant à la taille de l'élément structurant,
- s'il existe des trous dans les objets, ils seront comblés,
- si des objets sont situés à une distance moins grande que la taille de l'élément structurant, ils vont fusionner.

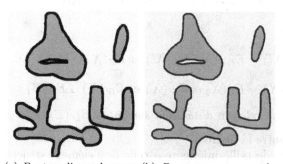

(a) B est un disque de rayon 15 pixels

(b) B est un octogone de « rayon » 9 pixels

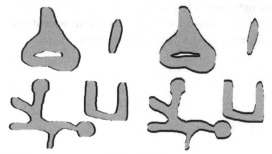

(c) B est un segment horizontal de longueur 20 pixels

(d) B est un segment vertical de longueur 20 pixels

Fig. 6.3 Dilatation avec différents éléments structurants B : en bleu (gris) l'image originale X, en noir la différence $D_B(X) - X$.

Définition 6.1.3 (Érosion binaire) *L'érosion d'un ensemble X par un élément structurant B est définie par :*

$$E_B(X) = \{\ x \in \mathbb{R}^n \mid B_x \subset X\ \}.$$

Le principe est illustré dans la figure 6.2. L'érosion est l'opération duale de la dilatation par rapport au passage au complémentaire. Plus précisément

$$E_B(X) = [D_B(X^C)]^C\ ,$$

où X^C est le complémentaire de X. On en déduit donc les propriétés suivantes grâce à la proposition 6.1.1.

Proposition 6.1.2 *Soient B, B' deux éléments structurants et $X, X' \subset \mathbb{R}^n$ (non vides).*

1. L'érosion est anti-extensive : $E_B(X) \subset X$

2. Elle est croissante

$$X \subset X' \Longrightarrow E_B(X) \subset E_B(X')\ .$$

3. Elle vérifie

$$E_B(X \cap X') = E_B(X) \cap E_B(X')\ et\ E_B(X) \cup E_B(X') \subset E_B(X \cup X'),$$

$$E_{B \cup B'}(X) = E_B(X) \cap E_{B'}(X)\ et\ E_{B'}(X) \cup E_B(X) \subset E_{B \cap B'}(X),$$

4. Elle vérifie la relation d'itération suivante : $E_{B'}(E_B(X)) = E_{B \oplus B'}(X)$.

Comme le montre la figure 6.4
- les objets de taille inférieure à celle de l'élément structurant vont disparaître,
- les autres seront amputés d'une partie correspondant à la taille de l'élément structurant,
- s'il existe des trous dans les objets, ils seront accentués,
- les objets reliés entre eux vont être séparés.

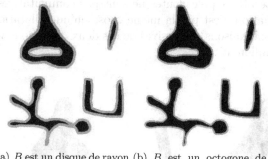

(a) B est un disque de rayon 15 pixels (b) B est un octogone de « rayon » 9 pixels

(c) B est un segment horizontal de longueur 20 pixels (d) B est un segment vertical de longueur 20 pixels

Fig. 6.4 Erosion avec différents éléments structurants B : en noir l'image érodée $E_B(X)$, en bleu (gris) $X - E_B(X)$.

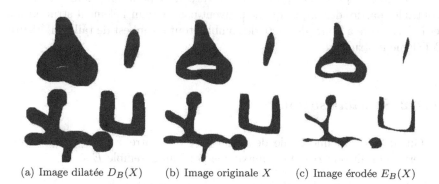

(a) Image dilatée $D_B(X)$ (b) Image originale X (c) Image érodée $E_B(X)$

Fig. 6.5 Dilatation et érosion avec B disque de rayon 15 pixels.

Les deux opérations précédentes ne sont pas commutatives : une érosion suivie d'une dilation n'est pas la même chose qu'une dilatation suivie d'une érosion. Les combinaisons successives de ces deux opérations vont donc fournir des objets différents.

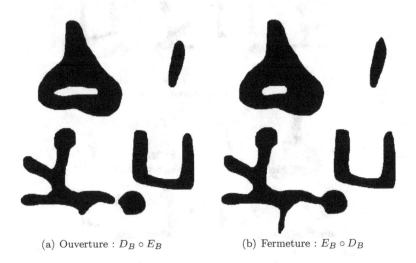

(a) Ouverture : $D_B \circ E_B$ (b) Fermeture : $E_B \circ D_B$

Fig. 6.6 Les opérations de dilatation et d'érosion ne sont pas commutatives - Exemple avec B disque de rayon 15 pixels.

Définition 6.1.4 *Une érosion suivie d'une dilatation s'appelle une ouverture et une dilatation suivie d'une érosion est une fermeture.*

Comme le montre la figure 6.6, l'ouverture a pour propriété d'éliminer toutes les parties des objets qui ne peuvent pas contenir l'élément structurant et la fermeture a pour propriété de combler tout ce qui est de taille inférieure à l'élément structurant.

6.1.2 Squelettisation

On note $B_r(x)$ une boule de rayon r et de centre x et $\mathring{B}_r(x)$ la boule ouverte. On dit que $B_r(x)$ est maximale pour un ensemble E si

$$B_r(x) \subset E \text{ et } \forall s > r \qquad E^c \cap B_s(x) \neq \varnothing,$$

où E^c désigne le complémentaire de E. Autrement dit $B_r(x)$ est la plus grosse boule de centre x incluse dans E.

Définition 6.1.5 *Le squelette de l'ensemble E est le lieu des centres des boules ouvertes maximales dans E.*

On peut calculer le squelette d'un ensemble ouvert E au moyen d'érosions et de dilatations grâce à la formule de Lantuéjoul. Soit

$$F_r = \{x \in E \mid \mathring{B}_r(x) \subset E\},$$

$\varepsilon > 0$ et B_ε une boule de rayon ε qu'on choisit comme élément structurant. On note $\mathcal{O}_\varepsilon$ l'ouverture associée à B_ε. On a alors

Théorème 6.1.1 *Soit E un ensemble ouvert non vide de $\mathbb{R}^n$. Son squelette $\mathcal{S}(E)$ vérifie*

$$\mathcal{S}(E) = \bigcup_{r>0} \bigcap_{\varepsilon>0} F_r \backslash \mathcal{O}_\varepsilon(F_r)\ .$$

Pour plus de détails on peut se référer à [73, 74].

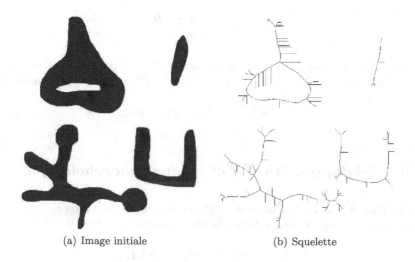

(a) Image initiale   (b) Squelette

Fig. 6.7 Squelettisation

6.2 Morphologie mathématique fonctionnelle - Images à niveaux de gris

La morphologie mathématique fonctionnelle, à la différence de la morphologie mathématique ensembliste, s'applique aux images en niveaux de gris. La généralisation de ce qui précède se fait en remplaçant les définitions sur les ensembles par leurs équivalents fonctionnels :

- La réunion est remplacée par l'opérateur sup noté $\vee$:

$$A \cup B \rightarrow f \vee g = \sup(f, g)$$

- L'intersection est remplacée par l'opérateur inf noté $\wedge$:

$$A \cap B \rightarrow f \wedge g = \inf(f, g)$$

- L'inclusion est remplacée par la relation « inférieur » :

$$A \subset B \rightarrow f \leqslant g$$

- L'inclusion inverse est remplacée par la relation « supérieur » :

$$A \supset B \rightarrow f \geqslant g$$

Plus précisément, on se donne toujours un élément structurant (binaire) $B \subset \mathbb{R}^n$ que l'on va identifier à sa fonction caractéristique :

$$\chi_B(x) = \begin{cases} 1 \text{ si } x \in B \\ 0 \text{ sinon.} \end{cases}$$

Dans tout ce qui suit f est une fonction de $\mathbb{R}^n$ dans $\mathbb{R}$ (en pratique, $n = 2$ et. f est à valeurs dans $\{0, \cdots, 255\}$). Pour tout $a \in \mathbb{R}^n$, on note f_a la translatée de f par a :

$$\forall x \in \mathbb{R}^n \qquad f_a(x) = f(x - a) .$$

6.2.1 Dilatation, érosion et gradient morphologique

Définition 6.2.1 *Pour tout élément structurant B, la dilatation δ_B et l'érosion ε_B sont définies de la manière suivante :*

$$\delta_B(f) = \sup_{b \in B} f_b \ \textit{ et } \ \varepsilon_B(f) = \inf_{b \in B} f_{-b} \ .$$

Plus généralement, lorsque l'élément structurant est une fonction g à support compact, la dilatation et l'érosion sont définies de la manière suivante

$$\delta_g(f)(x) = \sup_{y \in \mathbb{R}^n} f(y) + g(y - x) \ \textit{ et } \ \varepsilon_g(f) = \inf_{y \in \mathbb{R}^n} f(y) - g(y - x) \ .$$

En particulier, si $g = \chi_B$, on retrouve $\delta_g = \delta_B$.

La dilatation a tendance à éclaircir l'image : cette transformation comble les vallées et épaissit les pics : elle homogénéise l'image et tend à faire disparaître les objets sombres. La figure 6.8 illustre le phénomène :

(a) Image initiale   (b) $R = 1$

(c) $R = 5$ (d) $R = 10$

Fig. 6.8 Dilatation avec un disque de rayon R.

(a) Image initiale   (b) $R = 1$

(c) $R = 5$ (d) $R = 10$

Fig. 6.9 Érosion avec un disque de rayon R.

L'érosion réduit les pics de niveaux de gris et élargit les vallées : elle tend donc à assombrir l'image et à étaler le bord des objets les plus sombres comme le montre la figure 6.9.

On peut dès maintenant définir la notion de gradient morphologique. Dans ce cas l'élément structurant B est le **disque unitaire.**

Définition 6.2.2 (Gradients morphologiques) *Le gradient par érosion est le résidu de f par son érosion : $g^-(f) = f - \varepsilon_B(f)$.*
Le gradient par dilatation est de manière analogue : $g^+(f) = \delta_B(f) - f$.
Le gradient symétrisé est : $g(f) = \delta_B(f) - \varepsilon_B(f)$.
Le laplacien est défini par $L(f) = g^+(f) - g^-(f)$.

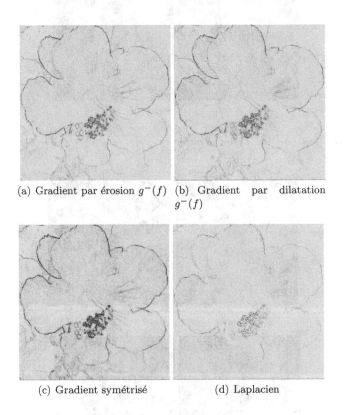

(a) Gradient par érosion $g^-(f)$ (b) Gradient par dilatation $g^-(f)$

(c) Gradient symétrisé   (d) Laplacien

Fig. 6.10 Gradients morphologiques

Ces opérateurs sont les analogues des opérateurs gradient et laplacien vus au chapitre 3. Ce ne sont plus des opérateurs linéaires mais ils permettent de faire les mêmes opérations de segmentation.

6.2.2 Ouverture et fermeture

Définition 6.2.3 *Comme en morphologie mathématique ensembliste, l'ouverture γ consiste en une érosion suivie d'une dilatation et la fermeture φ consiste en une dilatation suivie d'une érosion.*

L'ouverture supprime les pics mais préserve les vallées, elle homogénéise l'image mais préserve les objets sombres (voir figure 6.11).

| (a) Image initiale | (b) $R = 1$ |
| (c) $R = 5$ | (d) $R = 10$ |

Fig. 6.11 Ouverture γ avec un disque de rayon R.

La fermeture comble les vallées et éclaircit l'image comme l'illustre la figure 6.12.

(a) Image initiale   (b) $R = 1$

(c) $R = 5$ (d) $R = 10$

Fig. 6.12 Fermeture φ avec un disque de rayon R.

Les opérateurs *fermeture* et *ouverture* sont croissants et idempotents, c'est-
à-dire $\gamma\gamma = \gamma$ et $\varphi\varphi = \varphi$. Ils se comportent comme des filtres : on parlera de
filtres morphologiques lorsque les deux propriétés de croissance et d'idem-
potence sont vérifiées.

A partir des ouvertures et fermetures, il est possible de définir d'autres
opérateurs qui font appel par exemple à la soustraction entre une image de
départ et son ouverture. Ces opérateurs mènent à la notion de transformation
chapeau haut de forme. Il s'agit de la transformation morphologique permettant d'extraire sur une image les structures contrastées et de faible épaisseur,
ceci indépendamment de la valeur absolue de l'éclairage ambiant. Elle est
définie de la manière suivante :

Définition 6.2.4 *Soit B un élément structurant. On appelle transformation chapeau haut de forme (ou white top-hat) la transformation*

$$WTHB(f) = f - \gamma(f) \ ,$$

où $\gamma(f)$ désigne l'image obtenue par ouverture. La transformation duale est le black top-hat défini par

$$BTHB(f) = \varphi(f) - f \ ,$$

où $\varphi(f)$ désigne l'image obtenue par fermeture. Elle est souvent suivie d'un seuillage.

(a) Original   (b) Ouverture

(c) Top-hat : résidu de l'ouverture   (d) Seuillage

Fig. 6.13 Illustration de l'opérateur *chapeau haut de forme* avec un disque de rayon 5.

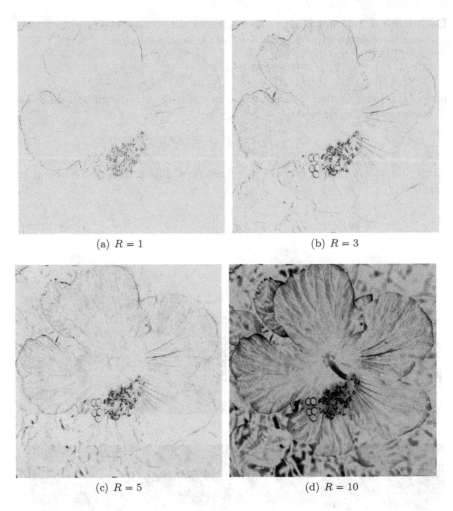

(a) $R = 1$ (b) $R = 3$

(c) $R = 5$ (d) $R = 10$

Fig. 6.14 Transformation *chapeau haut de forme* avec un disque de rayon R.

6.2.3 Filtrage alterné séquentiel

La transformation « chapeau haut de forme » est déjà un filtre morphologique. On peut définir d'autres filtres grâce aux opérations d'ouverture γ et de fermeture φ.

Définition 6.2.5 *Soient α et β deux opérateurs morphologiques (par exemple des fermetures ou des ouvertures).*

$$\alpha \leqslant \beta \iff \forall f : \mathbb{R}^n \to \mathbb{R} \quad \alpha(f) \leqslant \beta(f) \ .$$

Les filtres alternés séquentiels sont définis comme une succession alternée de fermetures et d'ouvertures. Plus précisément, soit $(\gamma_i)_i \in I$ et $(\varphi_i)_i \in I$ deux familles d'ouvertures et de fermetures vérifiant

$$i \leqslant j \Longrightarrow \gamma_i \leqslant \gamma_j \leqslant \mathcal{I} \leqslant \varphi_j \leqslant \varphi_i ,$$

où $\mathcal{I}$ est l'opérateur identité.

On peut alors définir les opérateurs suivants :

$$\forall i \in I \qquad m_i = \gamma_i \varphi_i, \ n_i = \varphi_i \gamma_i, \ r_i = \varphi_i \gamma_i \varphi_i \text{ et } s_i = \gamma_i \varphi_i \gamma_i ,$$

et les filtres alternés séquentiels par

$$M_i = m_i m_{i-1} \cdots m_1, \ N_i = n_i n_{i-1} \cdots n_1, \ R_i = r_i r_{i-1} \cdots r_1 \text{ et } S_i = s_i s_{i-1} \cdots s_1.$$

Pour plus de détails sur les filtres morphologiques on peut se référer à [73, 86]. Nous donnons dans la figure 6.16 des exemples de filtres alternés séquentiels définis comme suit : soit $(B_i)_{i \in I}$ une famille croissante (pour l'inclusion) d'éléments structurants, γ_i l'ouverture et φ_i la fermeture correspondante.

(a) Original   (b) Image bruitée (bruit gaussien $\sigma = 20$)

Fig. 6.15 Image test.

(a) $M_1 = \gamma_1 \varphi_1$ (b) $N_1 = \varphi_1 \gamma_1$

(c) $M_2 = \gamma_2 \varphi_2 M_1$ (d) $N_2 = \varphi_2 \gamma_2 N_1$

(e) $M_3 = \gamma_3 \varphi_3 M_2$ (f) $N_3 = \varphi_3 \gamma_3 N_2$

Fig. 6.16 Débruitage avec des filtres alternés séquentiels - B_i est un disque de rayon $R_i = i$ (pixels)

6.2.4 Segmentation : ligne de partage des eaux (Watershed)

La méthode de segmentation appelée *ligne de partage des eaux* (*Watershed* en anglais) est la principale méthode de segmentation en morphologie mathématique. L'idée de base est de considérer une image en niveaux de gris comme un relief topographique. Il s'agit alors de calculer la ligne partage des eaux de ce relief. Les bassins versants ainsi obtenus correspondent aux régions de la partition.

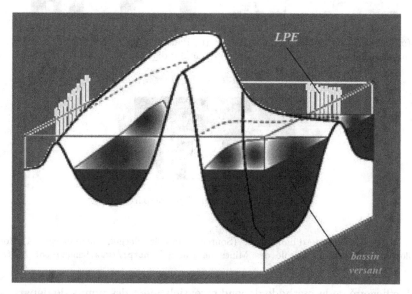

Fig. 6.17 Bassins versants et ligne de partage des eaux (Source : Antoine Manzanera, Cours de Morphologie mathématique, Cours ENSTA- UMPC 2005 - www.ensta-paristech.fr/~manzaner/Cours/IAD/TERI_MorphoMath.eps)

On peut classer les algorithmes de construction de la ligne de partage des eaux en trois catégories. Les algorithmes par inondation simulent une montée progressive du niveau d'eau à partir des minima du relief. Les algorithmes par ruissellement suivent, à partir de chaque pixel de l'image, la ligne de plus grande pente jusqu'à atteindre un minimum. Finalement, les algorithmes topologiques proposent une déformation progressive du relief, préservant certaines caractéristiques topologiques, jusqu'à ce qu'il soit réduit à une structure fine correspondant à la ligne de partage des eaux. Nous ne présentons que la méthode par inondation qui est la plus courante.

Imaginons que le niveau de l'eau se mette à monter dans une région montagneuse ou vallonnée et que l'eau pénètre dans les vallées par les minima. La ligne de partage des eaux est représentée par les points où deux lacs disjoints se rejoignent au cours de l'immersion. Une image en niveau de gris est donc considérée comme une surface topographique. La montée des eaux consiste à immerger la surface topographique dans de l'eau.

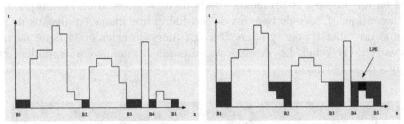

(a) Initialisation : inondation à partir des minima régionaux

(b) Poursuite de l'inondation et construction des digues

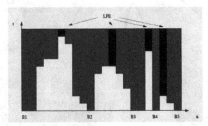

(c) Fin de l'inondation : ligne de partage des eaux finale

Fig. 6.18 Algorithme d'inondation (Source : Benoit Naegel, Introduction à Morphologie mathématique, Ecole des Mines de Nancy - `http://www.banque-pdf.fr/fr_benoit-naegel.html`)

L'efficacité de la méthode dépend essentiellement des points de départ. Si le choix de ces points (minima) n'est pas correctement fait, on peut avoir une sur-segmentation de l'image : trop de contours sont détectés et le résultat est illisible.

L'algorithme correspondant peut-être considéré comme une combinaison des approches région (section 5.6.3) et approches contours (chapitre 5) : en effet, le principe de l'algorithme est de faire croître des régions à partir de graines (généralement les minima de l'image), puis de considérer les points de rencontres de ces régions (la ligne de partage des eaux). Le principe de l'algorithme est le suivant :

Algorithme 7 Ligne de partage des eaux (LPE)

Initialisation. Choix des minima de l'image.

Construction des digues. On inonde le relief à partir de ces points. Dès que deux bassins versants se rencontrent, on construit une digue entre les deux (la ligne de partage des eaux).

Arrêt. Lorsque le relief est entièrement inondé, l'ensemble des digues construites constitue la ligne de partage des eaux finale.

(a) Norme du gradient de l'original

(b) LPE sans gestion des points minima : sur-segmentation

(c) Image modifiée par filtres morphologiques

(d) LPE sur l'image modifiée

Fig. 6.19 Segmentation par LPE

Généralement, on applique l'algorithme (LPE) sur la norme du gradient de l'image à segmenter. Les zones homogènes de l'image deviennent des minima régionaux de l'image gradient. La ligne de partage des eaux va alors cibler les crêtes du gradient, c'est à dire les contours de l'image originale. Le principe est simple mais le choix d'un minimum dans une zone où la norme du gradient est faible est hasardeux et on obtient alors une sur-segmentation de l'image (trop de régions détectées) comme dans la figure 6.19. Sur cette figure on a affecté une couleur par région (en guise d'étiquette). Il faut donc restreindre les points minimaux (sources de l'inondation). Cette étape se fait à partir des caractéristiques de l'image. Il y a plusieurs approches. La première consiste à filtrer l'image originale afin de supprimer tous les minima non-significatifs.

C'est ce qui a été fait dans la figure 6.19. L'approche *marqueurs* consiste à choisir le nombre de minima locaux et donc le nombre de zones que l'on souhaite mettre en évidence grâce à la LPE. On peut, par exemple, choisir un élément structurant (de taille ℓ) et extraire les éléments plus petits que cet élément. Cette transformation est définie comme la différence entre l'image et son ouverture de taille ℓ) .

Enfin une première LPE peut servir de marqueur pour une seconde, et la zone qu'elle délimite donne lieu à une image mosaïque. Cette image n'est plus construite par pixels, mais comme graphe planaire. Elle est susceptible à son tour d'être traitée par LPE, filtrage, marqueurs, etc. C'est un processus itératif qui donne donc lieu à une segmentation hiérarchique.

Chapitre 7
Applications

Dans ce chapitre nous présentons quelques applications qui utilisent les techniques décrites auparavant. Il s'agit essentiellement d'exemples. Nous ne présentons évidemment pas toutes les méthodes possibles pour traiter chacune de ces applications. Nous montrons sur le premier exemple (stéganographie) comment utiliser des **manipulations élémentaires** de l'image pour *cacher* une image dans une autre. C'est un exemple intéressant pour une technique assez rudimentaire qui est en fait peu utilisée.

La compression des images est un sujet qui mérite un ouvrage à lui seul. Nous présentons rapidement le principe des techniques usuelles et l'utilisation des **ondelettes** pour réduire la taille d'une image sans (trop) la dégrader.

Le troisième exemple concerne *l'inpainting* (ou désocclusion) sur lequel nous présenterons l'utilisation de **méthodes variationnelles**.

7.1 Stéganographie et tatouage

La stéganographie consiste en l'insertion d'un message dans un fichier d'apparence anodine. Les applications en sont diverses et variées. Nous n'avons pas pour objectif de dresser un panorama complet et exhaustif des différentes techniques, mais de présenter rapidement une méthode simple pour dissimuler un message (texte ou image) dans une autre image.

Contrairement à un stockage simple d'informations dans l'en-tête du fichier associé à une image, le tatouage est intimement lié aux données. De ce fait, il est donc théoriquement indépendant du format de l'image. Le tatouage permet une vérification ou une extraction efficace et automatique de certaines informations liées à l'origine, au contenu ou même à la diffusion d'une image. Le tatouage (ou *watermarking*) est différent de la stéganographie car le but est d'indiquer qui est le propriétaire légal du support. La marque constituera la preuve des droits de propriété sur l'œuvre. En revanche, la stéganographie est devenue un moyen pratiquement imparable de communiquer des infor-

© Springer-Verlag Berlin Heidelberg 2015
M. Bergounioux, *Introduction au traitement mathématique des images - méthodes déterministes,* Mathématiques et Applications 76,
DOI 10.1007/978-3-662-46539-4_7

mations secrètes sans même qu'on puisse soupçonner qu'un message secret circule.

7.1.1 Une méthode simple de stéganographie

Le principe le plus simple consiste à remplacer les bits *faibles* de l'image « dissimulante » par les bits forts de l'image qu'on veut cacher. Chaque niveau de gris (ou chaque canal de couleur) est codé sous forme binaire. Les bits faibles sont ceux qui correspondent aux puissances de 2 les moins élevées (à droite), les bits forts correspondant aux puissances de 2 les plus élevées (à gauche) :

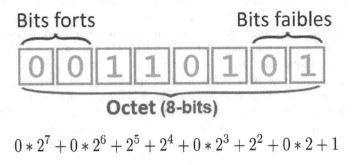

$$0 * 2^7 + 0 * 2^6 + 2^5 + 2^4 + 0 * 2^3 + 2^2 + 0 * 2 + 1$$

Fig. 7.1 Bits faibles et forts dans un octet

7.1.1.1 Cacher un texte

Chaque pixel d'une image couleur est représenté par 3 nombres codés sur 8 bits : R représente l'intensité du rouge, G celle du vert, B celle du bleu. Si l'on modifie les 2 bits de droite de R, on modifie très peu sa valeur (au plus, de 3), et cela est imperceptible à l'oeil humain. On remplace alors les 2 bits de droite de R par les 2 premiers bits du message. Puis on continue pour les composantes G,R, puis pour le 2ème pixel, etc. Il est impossible, à l'oeil, de distinguer l'image qui cache le message, et l'image initiale.

Image initiale	Pixel 1	R1=01001110 *(78)*	G1=01101111 *(111)*	B1=11111111 *(255)*
	Pixel 2	R2=01110011 *(115)*	G2=01110110 *(118)*	B2=10101010 *(170)*
Message		101**100**011011		
Image qui cache le message		R1=01001110 *(78)*	G1=0110111**0***(110)*	B1=111111**00** *(250)*
		R2=0111000**1** *(113)*	G2=0111011**0** *(118)*	B2=101010**11** *(171)*

Tableau 7.1 Principe de la méthode (Bits de poids faible)

Ce système a de nombreux avantages : il est particulièrement discret, et il permet de cacher énormément d'informations. Dans une image 200x200, on peut cacher 200x200x6=240000 bits, soit 30000 caractères. L'inconvénient majeur est qu'il faut impérativement transmettre les fichiers en bitmap, format qui prend énormément de place. Toute compression en format JPEG fait perdre le message caché.

7.1.1.2 Cacher une image dans une autre image

Le programme suivant permet de cacher une image dans une autre. Pour chaque pixel de la première image, et pour chaque couleur R, G, B de cette image, on remplace les 4 bits de poids faible par les 4 bits de poids fort correspondants dans la seconde image :

Image 1	R1=01001110 *(78)*	G1=01101111 *(111)*	B1=11111111 *(255)*
Image 2	R2=**0111**0011 *(115)*	G2=**0111**0110 *(118)*	B2=**1010**1010 *(170)*
Image qui cache	R =01000111 *(71)*	G =01100111 *(103)*	B =11111010 *(250)*
Image 1 restaurée	R1=01000000 *(64)*	G1=01100000 *(96)*	B1=11110000 *(240)*
Image 2 restaurée	R2=0111**0000** *(112)*	G2=0111**0000** *(112)*	B2=1010**0000** *(160)*

Tableau 7.2 Principe de l'algorithme permettant de cacher une image dans une seconde image : on remplace la 4 bits de poids faible de la première image par les 4 bits de poids fort de la deuxième.

(a) Image originale   (b) Image à cacher

(c) Image contenant l'autre image   (d) Image cachée récupérée

(e) Zoom sur l'image message originale (f) Zoom sur l'image message récupérée

Fig. 7.2 Exemple d'image cachée dans une autre (les tailles sont volontairement différentes)

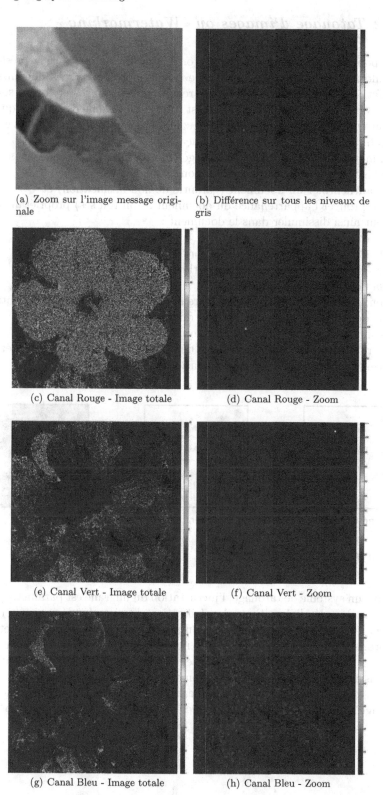

(a) Zoom sur l'image message originale

(b) Différence sur tous les niveaux de gris

(c) Canal Rouge - Image totale

(d) Canal Rouge - Zoom

(e) Canal Vert - Image totale

(f) Canal Vert - Zoom

(g) Canal Bleu - Image totale

(h) Canal Bleu - Zoom

7.1.2 Tatouage d'images ou « Watermarking »

Le point fort de la stéganographie, on l'a vu, est de masquer la présence de l'information. C'est donc très utile pour la protection des documents. En effet, il est extrêmement facile de récupérer des images et toutes sortes d'autres documents sur le Web. Et il est tout aussi difficile de prouver qui en est l'auteur. La stéganographie a donc contribué à protéger les auteurs grâce au *Watermarking*, ou filigranes en français.

En modifiant quelques bits de l'image (par exemple), on peut ainsi signer et protéger une image. Ce procédé à donc pour but :

- d'authentifier un document (garantie de non-falsification) et
- de prouver l'appartenance du document à son (ou ses) propriétaires

On peut ainsi dissimuler dans le document :

- le copyright,
- la signature du créateur, du propriétaire, du distributeur,
- les dates de création, de distribution, de vente,
- la fiche d'identité du fichier,
- ou, plus simplement, une signature numérique qui permettra d'identifier le document d'après une base de données officielle.

Un point faible de ce procédé, c'est qu'il est très facile à détourner : certaines retouches, la sauvegarde dans un format comme JPEG, qui détruit l'information à cause de ses approximations de compression...

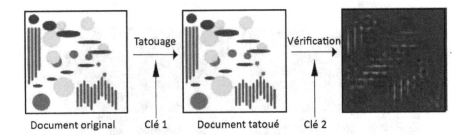

Fig. 7.4 Principe du tatouage d'images

Dans un système de tatouage, l'incrustation du filigrane est paramétrée par une première clé ; l'algorithme de vérification dit si cette clé a bien servi à tatouer le document, et donc si la personne détentrice de la clé est propriétaire des droits du document. Le tatouage, invisible à l'œil, exploite la nature de l'image : l'information cachée est insérée dans les zones où les variations d'intensité sont notables, car le changement sera moins perceptible, alors que dans les zones uniformes toute modification est patente. Les algorithmes de tatouage se distinguent les uns des autres essentiellement par les quatre points clés suivants :

- la manière de sélectionner les points (ou blocs) dans le document hôte qui porteront l'information cachée,
- le choix d'un espace de travail pour réaliser l'opération de dissimulation (dans le domaine spatial ou transformé comme DCT, ondelettes, Fourier-Melin, etc.),
- la stratégie utilisée pour mettre en forme l'information à cacher avant sa dissimulation : redondance, codes correcteurs, bits de resynchronisation,
- la manière de mélanger intimement le message avec le signal hôte (modulation) ; l'idée de base consiste le plus souvent à imposer une relation binaire entre les bits du message et des caractéristiques choisies de l'image porteuse.

Les méthodes rencontrées dans la littérature peuvent être classées en deux catégories :
- les méthodes spatiales qui superposent un motif à l'image,
- les méthodes fréquentielles, souvent plus performantes car elles privilégient les composantes basses fréquences de l'image (plus robustes à la compression). Elles sont aussi plus appropriées pour utiliser les propriétés du système visuel humain.

Nous donnons quelques exemples ci-dessous

7.1.2.1 Méthode spatiale : les bits de poids faibles (LSB)

La première technique proposée est simple : une clé secrète détermine, dans une zone de l'image, l'emplacement de pixels. La luminance de chacun d'entre eux est codée par une valeur comprise entre 0 (en binaire 00000000), et 255 (en binaire 11111111). Le bit de poids faible de l'écriture binaire, le dernier, est celui qui a le moins d'influence sur la valeur de la luminance. Statistiquement ces bits de poids faibles ont une probabilité 1/2 de valoir 0, et 1/2 de valoir 1. On cache l'information en introduisant un biais dans cette proportion : pour ce faire, on impose la valeur 1 aux bits de faible poids de certains pixels, choisis selon la clé. Cette modification sera imperceptible pour l'oeil car la luminance de ces pixels aura varié d'au plus 1. On vérifie alors, sur l'image modifiée, la présence ou non d'un tatouage, en analysant les bits de poids faible correspondants aux pixels associés à la clé : si ces bits sont égaux à 1, alors l'image a été tatouée avec la clé (et elle appartient à l'ayant droit associé à cette dernière).

La méthode pour sélectionner les pixels recevant les informations est une détection de contours. Le tatouage est indistinguable à l'oeil nu, il est détecté dans le cas de l'image bmp, mais pas après une compression JPEG. Il est très simple d'enlever ce marquage en mettant par exemple à 0 tous les bits de poids faible. De plus, tous les types de transformations fréquentielles, tels des filtres, sont radicaux pour ce marquage.

7.1.2.2 Méthodes fréquentielles

La mauvaise performance des algorithmes de marquage dans le domaine spatial vis-à-vis de certaines modifications, comme par exemple la compression JPEG, ont nécessité de développer d'autres méthodes fondées sur le traitement du signal.

Le principe des méthodes *fréquentielles* consiste à insérer la marque non pas directement dans l'image mais dans le domaine des transformées (Fourier, ondelettes, etc.). Pour retrouver l'image marquée, on effectue la transformée inverse.

Pour créer un filigrane résistant à la compression JPEG, un algorithme de tatouage qui tient compte de l'algorithme de compression JPEG a été mis au point. Toutefois on ne peut pas cacher l'information dans les coefficients de haute fréquence car ceux-ci sont modifiés lors de la compression JPEG. On ne peut pas, non plus, changer les coefficients de basse fréquence qui correspondent à des zones homogènes où toute modification est visible. Ce sont donc les valeurs des coefficients de la transformée pour des fréquences moyennes que l'on modifie selon une règle établie Les blocs 8x8 ainsi transformés sont déterminés par la clé secrète.

Enfin, les transformées en ondelettes font l'objet de nombreuses études dans le contexte du codage et ont également trouvé un écho dans la communauté du tatouage d'image. Le gain en robustesse apporté par l'usage d'une transformée en ondelette est particulièrement significatif si l'on considère les algorithmes de compression de type EZW (Embedded Zero-tree Wavelet).

7.2 Compression par ondelettes

Il existe de nombreuses méthodes de compression des images. Nous donnons comme exemple d'utilisation des méthodes d'ondelettes le principe de la compression JPEG 2000. Cette variante du format JPEG, mise au point en 2000 par le *Joint Photographic Expert Group* permet de choisir entre une compression avec perte ou sans perte de données. Sa compression avec perte est plus performante que celle du JPEG classique : à poids de fichiers égaux, le JPEG 2000 produit des images moins dégradées. Cependant, visuellement, la différence n'est flagrante que pour des compressions très fortes.

Le principe de la compression est décrit dans la figure 7.5 mais nous n'illustrerons ici que l'étape *Transformation en ondelettes* sans parler des étapes de sous-échantillonnage et de quantification par exemple.

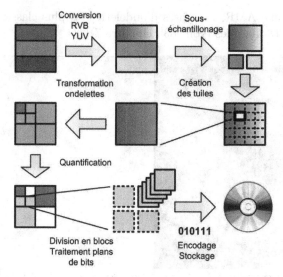

Fig. 7.5 Principe de la compression JPEG 2000 - Source http://fr.wikipedia.org/wiki/ JPEG_2000

Le principe est simple. On se donne une base d'ondelettes et on fait l'analyse multi-résolution (AMR) de l'image à compresser (Voir Section 4.4 et Annexe A.2.2) : on calcule les coefficients d'ondelettes par Transformée en Ondelettes Rapide (FWT - Annexe A.2.3). On seuille les coefficients les moins significatifs et on reconstruit l'image avec les coefficients ainsi modifiés. On n'a donc besoin de stocker que les filtres correspondant à la base d'ondelettes et un petit nombre de coefficients significatifs. Pour plus de détails sur le schéma complet de compression on peut voir [48, 62, 63].

Détaillons la démarche pour la compression d'une image $f \in L^2(\Omega)$. La méthode est exactement la même pour un signal 1D (sonore par exemple). Elle est illustrée dans la figure 7.7.

Décomposition sur une base d'ondelettes

On se donne une fonction d'échelle φ, l'ondelette associée ψ et la base d'ondelettes (orthogonale) associée définie par l'analyse multi-résolution décrite dans le théorème 1.2.1 de l'annexe A.2.2 et A.2.7. La fonction f peut alors s'écrire

$$f = c_0 + \sum_{j=0}^{+\infty} \sum_{k_x,k_y=0}^{2^j-1} \left(d_{j,\mathbf{k}}^h \Psi_{j,\mathbf{k}}^h + d_{j,\mathbf{k}}^v \Psi_{j,\mathbf{k}}^v + d_{j,\mathbf{k}}^d \Psi_{j,\mathbf{k}}^d \right) \ ,$$

Pour effectuer une AMR, Les bases d'ondelettes les plus classiques sont les bases de Haar, Daubechies (voir [63], chapitre 7).

(a) Originale   (b) Décomposition sur la base de Haar

Fig. 7.6 Décomposition multi-résolution sur la base de Haar

La figure 1.3 est une représentation des coefficients d'ondelettes (voir aussi le chapitre 4 - section 4.4). Les coefficients du quadrant supérieur gauche à un niveau donné donnent l'image d'entrée pour le niveau suivant.

Etape de seuillage : l'étape suivante de l'algorithme consiste à négliger tous les coefficients d'ondelettes plus petits qu'un certain seuil. On peut choisir ce seuil de façon à ne garder qu'un certain pourcentage N du nombre total des coefficients. On peut également faire un seuillage dur (fonction $\mathbf{d}_\varepsilon$) ou doux (fonction d_ε) comme ci-dessous (voir aussi la figure 4.10) et régler le seuil ε pour assurer le pourcentage N.

$$\mathbf{d}_\varepsilon : x \mapsto \mathbf{d}_\varepsilon(x) := \begin{cases} x \ \text{ si } |x| \geqslant \varepsilon \\ 0 \ \text{ sinon.} \end{cases}$$

$$d_\varepsilon : x \mapsto d_\varepsilon(x) := \begin{cases} x - \varepsilon \ \text{ si } x \geqslant \varepsilon \\ x + \varepsilon \ \text{ si } x \leqslant -\varepsilon \\ 0 \qquad \text{ sinon.} \end{cases}$$

Les petites valeurs des coefficients décrivent des petits détails de l'image et ceux-ci seront perdus après la compression (on parle de compression *avec perte*).

Etape de reconstruction : on reconstruit ensuite l'image à l'aide des coefficients restants.

L'algorithme se résume de la façon suivante :

Algorithme 8 Algorithme de compression par ondelettes

1. Choix d'une base d'ondelettes pour l'AMR, d'une méthode de seuillage et d'un seuil ε (déterminé par π éventuellement).
2. Calcul des coefficients d'ondelettes w par Transformée en Ondelettes Rapide (FWT) (instruction FWT2_PO de WaveLab [95] par exemple).
3. Seuillage des coefficients
4. Reconstruction de l'image filtrée par Transformée en Ondelettes Rapide Inverse (IFWT) (instruction IFWT2_PO de WaveLab par exemple).

La figure 7.7 illustre la compression d'un signal 1D (qui fournit le format mp3) et les figures 7.9-7.10 la compression d'une image.

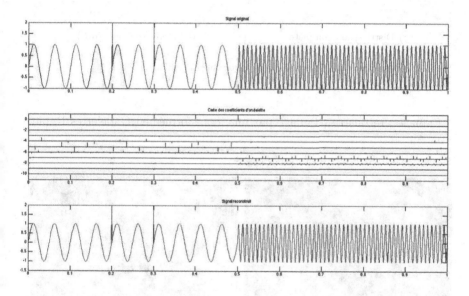

Fig. 7.7 Compression d'un signal 1D - taux de compression 78% - Base *Daubechies 8*

Dans l'exemple 2D qui suit, on a choisi de faire un seuillage dur en ne gardant que les $N\%$ coefficients obtenus les plus grands (les autres étant mis à 0).

La figure suivante représente la distribution des coefficients (non nuls) gardés après un seuillage à 95% ($N = 5\%$).

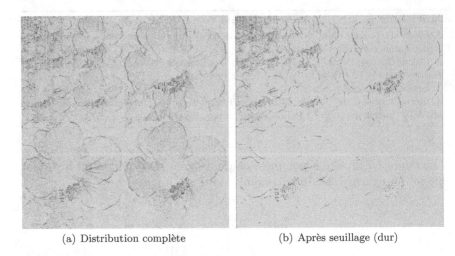

(a) Distribution complète   (b) Après seuillage (dur)

Fig. 7.8 Distribution des 5% coefficients gardés après seuillage.

Enfin, on reconstruit l'image par une Transformée en Ondelettes Rapide Inverse :

(a) Original   (b) Image reconstruite après compression

Fig. 7.9 Compression à 95% avec la base de *Haar*

La figure 7.10 montre que le choix de la base d'ondelettes est important pour la performance de la compression :

(a) Original   (b) Daubechies 8 - 99%

(c) Haar - 95%   (d) Haar - 99%

Fig. 7.10 Compression avec les bases *Daubechies 8* et *Haar*

7.3 Inpainting

Les techniques d'*inpainting* (désocclusions en français) visent à « reconstituer » la partie manquante d'une image (voire à enlever une partie indésirable). Nous présentons ici des techniques variationnelles qui conduisent à des méthodes utilisant les équations aux dérivées partielles.

(a) Image dégradée   (b) Parties manquantes

Fig. 7.11 Image à reconstruire et masque

On se donne une image f a priori définie sur un domaine $\Omega \subset \mathbb{R}^2$ mais inconnue (parties manquantes ou indésirables) sur un sous-ensemble $D \subset \Omega$. Il faut donc trouver des méthodes (modèles) pour résoudre

$$u = \Phi(f) \ ,$$

où Φ est un opérateur de **masquage** (ou endommagement). C'est en fait un opérateur de projection sur $\Omega - D$ (de noyau D) :

$$\Phi(u)(x) = \begin{cases} u(x) \text{ si } x \notin D \\ 0 \quad \text{ si } x \in D. \end{cases} \ ;$$

Nous supposerons que l'image observée n'est pas bruitée : on se concentre sur la restauration des parties manquantes. L'ensemble D des pixels manquants est fini et de cardinal P. Dans ce qui suit l'image u est identifiée à un vecteur de $\mathbb{R}^N$ où $N = n \times p$ est le nombre total de pixels.

7.3.1 Méthodes variationnelles

Dans le cas (simple) où les pixels manquants ne sont pas contigus (les zones manquantes ont une surface de l'ordre du pixel) on dit qu'on a affaire à un bruit « poivre et sel ». Dans ce cas peut utiliser un filtre **médian** (chapitre 4 - section 4.1) pour restaurer l'image.

Si les zones manquantes ont une surface importante le filtre médian n'est plus adapté. Il faut donc développer des modèles qui contiendront des a priori sur l'image à restaurer (en terme de contours, textures, voire de couleur). L'idée des méthodes variationnelles consiste donc à minimiser la quantité $\|f - \Phi(u)\|$ tout en ajoutant un terme de régularisation $J(u)$ qui contiendra un *a priori* imposé à l'image que l'on veut reconstruire. De manière générale, nous considérons le problème suivant :

$$(\mathcal{P}_\alpha) \quad \begin{cases} \min \mathcal{F}(u) \overset{def}{=} \frac{1}{2}\|f - \Phi(u)\|^2 + \alpha J(u) \\ u \in \mathbb{R}^N \end{cases}$$

où $\|\cdot\|$ désigne la norme euclidienne dans $\mathbb{R}^N$ (l'image est identifiée à un vecteur) et J est un terme de régularisation convexe que nous préciserons ultérieurement.

Cette formulation est la même que celle qui a été présentée pour le débruitage (chapitre 4 - section 4.3, p. 66) où l'opérateur Φ était l'identité (modèle ROF) et pour le défloutage (chapitre 4 - section 4.5.4, p. 92) où l'opérateur Φ était un opérateur de flou donné par un noyau de convolution. Dans ces deux derniers cas, l'opérateur était en général inversible. Ici l'opérateur Φ est un opérateur de projection, dont le noyau n'est pas réduit à $\{0\}$.

En pratique, pour des images non bruitées, α devrait être le plus petit possible. Si u_α désigne une solution de $(\mathcal{P}_\alpha)$ (qui est unique si J est strictement convexe et coercif par exemple) on a le résultat de convergence suivant :

$$\lim_{\alpha \to 0} u_\alpha = u^*$$

où u^* est solution de

$$\begin{cases} \min J(u) \\ u \in \mathbb{R}^N, \Phi(u) = f . \end{cases}$$

7.3.2 Régularisation L^2

Le terme le plus simple qu'on puisse envisager est le terme qui va minimiser le bruit lors du calcul de la solution , c'est -à-dire la norme L^2. On pose donc

$$J(u) = \frac{1}{2}\|u\|^2 \overset{def}{=} \frac{1}{2}\sum_{i,j} u_{i,j}^2 ,$$

où $u_{i,j}$ désigne la valeur de u au pixel de coordonnées (i,j). L'image reconstruite sera d'énergie finie. Le problème $(\mathcal{P}_\alpha)$ a clairement une solution unique u_α car J est strictement convexe et coercive. En dérivant la fonctionnelle

$$\mathcal{F}(u) = \frac{1}{2}\|f - \Phi(u)\|^2 + \frac{\alpha}{2}\|u\|^2 ,$$

on obtient

$$(\Phi^*\Phi + \alpha I_N)u_\alpha = \Phi^* f , \tag{7.1}$$

où Φ^* désigne l'opérateur adjoint de Φ et I_N l'identité de $\mathbb{R}^N$, c'est-à-dire

$$u_\alpha = (\Phi^*\Phi + \alpha I_N)^{-1}(\Phi^* f).$$

L'opérateur Φ est **autoadjoint** de sorte que $\Phi^* = \Phi$. En effet, soient $u, v \in \mathbb{R}^N$. rappelons que Ω est l'ensemble de tous les pixels de l'image et D l'ensemble des pixels manquants.

$$\langle \Phi u, v \rangle_N \overset{def}{=} \sum_{i,j \in \Omega} (\Phi u)_{i,j}\, v_{i,j} = \sum_{i,j \in \Omega \setminus D} u_{i,j} v_{i,j} = \sum_{i,j \in \Omega} u_{i,j}\, (\Phi v)_{i,j} = \langle u, \Phi v \rangle_N.$$

La résolution de l'équation (7.1) peut alors se faire en remarquant que $\Phi^* f = f$ et $\Phi^*\Phi = \Phi$. L'équation (7.1) devient

$$\Phi u_\alpha + \alpha u_\alpha = f .$$

Si $x \in \Omega \setminus D$ on obtient $u_\alpha = \dfrac{f}{1 + \alpha}$ et si $x \in D$ alors $u_\alpha = \dfrac{f}{\alpha} = 0$. On n'a donc pas résolu le problème de manière satisfaisante.

7.3.3 Régularisation de Sobolev

Dans ce cas on va *diffuser* l'information dans les régions où elle manque par l'intermédiaire d'un opérateur de diffusion, ici le Laplacien. Cela correspond à un terme de pénalisation de la forme

$$J(u) = \frac{1}{2}\|\nabla u\|^2,$$

et la fonctionnelle devient

$$\mathcal{F}(u) = \frac{1}{2}\|f - \Phi(u)\|^2 + \frac{\alpha}{2}\|\nabla u\|^2 .$$

Si la solution u_α existe elle doit vérifier comme précédemment $\nabla \mathcal{F}(u_\alpha) = 0$, ce qui donne

$$(\Phi^*\Phi - \alpha\Delta)u_\alpha = \Phi^* f , \qquad (7.2)$$

et plus précisément dans notre cas $(\Phi - \alpha\Delta)u_\alpha = f$ c'est-à-dire

$$\Phi u_\alpha = f + \alpha\Delta u_\alpha$$

où Δ et l'opérateur Laplacien (discret). Cette équation peut être résolue numériquement par une méthode classique (par exemple une méthode de descente de gradient). Toutefois, en vue d'une résolution itérative on va « relaxer » l'opérateur Φ et le remplacer par l'opérateur de projection sur l'espace affine $\{u \in \mathbb{R}^N \mid \Phi u = f \}$. Soit donc P_f cet opérateur défini par

$$P_f(u)_{i,j} = \begin{cases} u_{i,j} \text{ si } (i,j) \in D \\ f_{i,j} \text{ si } (i,j) \notin D, \end{cases} \tag{7.3}$$

c'est-à -dire $P_f = u \cdot 1_D + f \cdot (1 - 1_D)$ où 1_D est la fonction caractéristique de D. L'algorithme de résolution est alors

$$u^{k+1} = P_f(u^k + \alpha \Delta u^k) , \tag{7.4}$$

qui converge dès que $\alpha \leqslant \dfrac{2}{\|\Delta\|} = \dfrac{1}{4}$.

(a) Image dégradée   (b) 75 itérations

(c) 100 itérations   (d) 500 itérations

Fig. 7.12 Restauration avec régularisation de Sobolev - $\alpha = 0.2$

7.3.4 Régularisation par variation totale

Dans la régularisation TV (*Total Variation* pour *variation totale*) on remplace la norme L^2 du gradient par sa norme L^1 :

$$J(u) = \sum_{i,j} \|(\nabla u)_{i,j}\|,$$

où

$$\|(\nabla u)_{i,j}\| = \|(\partial_{x_1} u)_{i,j}, (\partial_{x_2} u)_{i,j})\| = \sqrt{(\partial_{x_1} u)_{i,j}^2 + (\partial_{x_2} u)_{i,j}^2}.$$

On utilise la même technique que pour le défloutage (section 4.5.4) :

$$\min_{u \in BV(\Omega)} \mathcal{F}(u) \overset{def}{=} \frac{1}{2}\|\Phi u - f\|_2^2 + \alpha J(u). \tag{7.5}$$

Une condition nécessaire et suffisante pour que u_α soit une solution de (7.5) est

$$0 \in \partial\left(\alpha J(u_\alpha) + \frac{1}{2}\|\Phi u_\alpha - f\|_X^2\right) = \alpha\partial J(u_\alpha) + \Phi^*(\Phi u_\alpha - f) = \alpha\partial J(u_\alpha) + \Phi u_\alpha - f.$$

Ceci est équivalent à

$$u_\alpha \in \partial J^*\left(\frac{f - \Phi u_\alpha}{\alpha}\right).$$

Comme $J^* = \mathbf{1}_K$ où K est défini par (4.10), on a avec la proposition 1.4.1 :

$$u_\alpha \in \partial\mathbf{1}_K\left(\frac{f - \Phi u_\alpha}{\alpha}\right) \iff u_\alpha = c\left[\frac{f - \Phi u_\alpha}{\alpha} + \frac{u_\alpha}{c} - P_K(\frac{f - \Phi u_\alpha}{\alpha} + \frac{u_\alpha}{c})\right],$$

où $c > 0$. Si on choisit (par exemple) $c = \alpha$ on obtient

$$f - \Phi u_\alpha = \alpha P_K\left(\frac{f - \Phi u_\alpha + u_\alpha}{\alpha}\right) = P_{\alpha K}(f - \Phi u_\alpha + u_\alpha),$$

qu'on peut résoudre par exemple par une méthode de descente :

Algorithme 9 Algorithme TV pour l'inpainting

Initialisation : $u_0 = u_d$, $n = 0$. $\rho > 0$.
while $k \leqslant It_{max}$ & erreur > tolérance fixée **do**
    Calcul de $u_{n+1} = P_f[u_n + \rho(f - P_{\alpha K}(f + u_n))]$
end while

---

où $\rho \leqslant 1/4$, P_K peut-être calculé par l'algorithme de Chambolle (1) page 76 ou de Nesterov-Weiss (4) page 80. On peut aussi utiliser l'algorithme de Chambolle-Pock (5) page 81 pour calculer la solution (voir [29] pour plus de détails).

(a) Image originale   (b) Image dégradée

(c) $\alpha = 10$ (d) $\alpha = 50$

(e) $\alpha = 100$ (f) $\alpha = 200$

Fig. 7.13 Restauration avec régularisation TV -200 itérations

(a) Image originale   (b) Régularisation de Sobo- (c) Régularisation TV - $\alpha =$
lev -$\alpha = 0.2$ - 200 itérations   100 - 183 itérations

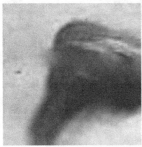
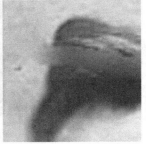

(d) Zoom - Régularisation de (e) Zoom - Régularisation
Sobolev -$\alpha = 0.2$ TV - $\alpha = 100$

Fig. 7.14 Comparaison des restaurations Sobolev et TV

Appendice A
Quelques outils mathématiques

A.1 Analyse de Fourier

Pour plus de détails sur cette section on peut se référer à [15].

A.1.1 Séries de Fourier d'un signal périodique 1D

On considère dans ce qui suit des signaux périodiques de période $T > 0$ et d'énergie finie. L'espace de ces signaux est

$$L_p^2(0,T) = \{f : \mathbb{R} \to \mathbb{C}, f \text{ de période } T, \int_0^T |f|^2(t)\, dt < +\infty\}$$

muni du produit scalaire (hermitien)

$$\langle f, g \rangle \overset{def}{=} \int_0^T f(t)\bar{g}(t)\, dt \;,$$

où $|z|$ désigne le module du complexe z et $\bar{z}$ son conjugué. L'*énergie* du signal est tout simplement sa norme L^2 au carré

$$E(f) \overset{def}{=} \|f\|_2^2 = \int_0^T |f|^2(t)\, dt \;.$$

La famille $(\dfrac{e_n}{\sqrt{T}})_{n \in \mathbb{Z}}$ où

$$\begin{cases} \quad\quad \mathbb{R} \to \mathbb{C} \\ e_n : \; t \mapsto \exp(2i\pi n \dfrac{t}{T}) \end{cases} \tag{A.1}$$

© Springer-Verlag Berlin Heidelberg 2015
M. Bergounioux, *Introduction au traitement mathématique des images - méthodes déterministes,* Mathématiques et Applications 76,
DOI 10.1007/978-3-662-46539-4

est une base hilbertienne de $L_p^2(0,T)$. Les coefficients de Fourier de f sont définis par

$$\forall k \in \mathbb{Z} \qquad c_k(f) = \frac{1}{T} \int_0^T f(t) \exp(-2i\pi k \frac{t}{T})\, dt, \qquad (A.2)$$

et la série $\sum c_k(f)\, e_k$ est la *série de Fourier* de f : elle converge vers f dans $L_p^2(0,T)$. On notera

$$f = \sum_{-\infty}^{+\infty} c_k e_k = \lim_{N \to +\infty} \sum_{-N}^{N} c_k e_k \ ,$$

la convergence étant prise au sens de la norme de $L_p^2(0,a)$. De plus, on a l'égalité de Parseval :

$$\sum_{-\infty}^{\infty} |c_k|^2 \ = \ \frac{1}{T} \int_0^T |f(t)|^2 dt \ .$$

A.1.2 La transformation de Fourier discrète (DFT) et la FFT

La transformation de Fourier discrète permet de calculer une approximation des coefficients de Fourier de $f \in L_p^2(0,T)$. Soit N un entier positif et $(t_k = \frac{kT}{N}, k = 0, \cdots, N-1)$ une subdivision de $[0,T]$. On définit alors un échantillonnage du signal f en posant

$$y_k = f(t_k), \ k = 0, \cdots, N-1,$$

avec N pair ; on note $\omega_N = e^{\frac{2i\pi}{N}}$. Le théorème suivant donne la correspondance entre les coefficients de Fourier approchés de f et ses échantillons :

Théorème 1.1. *Soit $f \in L_p^2(0,T)$ et $y_k = f(t_k)$, $k = 0, \cdots, N-1$. Les N coefficients de Fourier de f, $(c_n(f)$, $n = -\frac{N}{2}, \cdots, \frac{N}{2}-1)$ sont approchés par*

$$C_n = \gamma_n^N = \begin{cases} Y_n & si\ 0 \leqslant n \leqslant \dfrac{N}{2}-1, \\[2mm] Y_{n+N} & si\ -\dfrac{N}{2} \leqslant n < 0 \end{cases}$$

où

$$Y_p = \frac{1}{N} \sum_{k=0}^{N-1} y_k\, \omega_N^{-kp} \ pour\ p = 0, \cdots, N-1. \qquad (1.3)$$

De plus

$$y_k = \sum_{n=0}^{N-1} Y_n \, \omega_N^{nk} \ pour \ k = 0, \cdots, N-1. \tag{1.4}$$

Les formules (1.4) et (1.3) définissent une transformation $\mathcal{F}_N$ de $\mathbb{C}^N$ dans $\mathbb{C}^N$ telle que $\mathcal{F}_N(y) = Y$ avec $y = (y_k)_{0 \leqslant k \leqslant N-1}$ et $Y = (Y_p)_{0 \leqslant p \leqslant N-1}$ qui s'appelle la *transformation de Fourier discrète* d'ordre N. Le calcul se fait grâce à la Transformation de Fourier Rapide (*Fast Fourier Transform* ou FFT) (voir [15]).

A.1.3 La transformation de Fourier

Avec les séries de Fourier, on peut représenter des fonctions périodiques sur $\mathbb{R}$ ou des fonctions définies sur un intervalle borné $[a, b]$ (dans ce cas on les périodise). Il faut une notion plus générale pour des fonctions (pas nécessairement périodiques) définies sur $\mathbb{R}$. Dans un premier temps, nous allons parler de transformation de Fourier dans l'espace

$$L^1(\mathbb{R}) = \{ \, f : \mathbb{R} \to \mathbb{C} \mid \int_{-\infty}^{+\infty} |f(t)| \, dt < +\infty \, \} \, .$$

Soit $f \in L^1(\mathbb{R})$. On appelle $\hat{f}$ la *transformée de Fourier* de f la fonction de $\mathbb{R}$ dans $\mathbb{C}$ définie par :

$$\omega \mapsto \hat{f}(\omega) = \int_{-\infty}^{+\infty} f(t) \, \exp(-2i\pi\omega t) dt.$$

A.1.3.1 Propriétés importantes

Rappelons la définition de la convolution de deux fonctions :

Définition 1.2 (Convolution). Soient f_1 et f_2 dans $L^1(\mathbb{R})$. La convolée de f_1 par f_2 notée $f_1 * f_2$ est définie par :

$$(f_1 * f_2)(t) = \int_{-\infty}^{+\infty} f_1(t-s) \, f_2(s) \, ds \qquad \text{pour presque tout } t \in \mathbb{R} \, .$$

Théorème 1.3 (Transformée de Fourier d'une convolution). *Soient f_1, $f_2 \in L^1(\mathbb{R}) \times L^1(\mathbb{R})$. Alors $f_1 * f_2 \in L^1(\mathbb{R})$ et $\widehat{f_1 * f_2} = \hat{f}_1 \cdot \hat{f}_2$.*

Théorème 1.4 (Dérivation).

1. Si $t \mapsto t^k f(t) \in L^1(\mathbb{R})$ pour tout $0 \leqslant k \leqslant p$, alors $\hat{f}$ est p fois dérivable et

$$\forall k = 1, 2, \cdots, p \qquad \hat{f}^{(k)}(\omega) = (-2i\pi)^k \; \widehat{t^k f} \; (\omega) \; .$$

2. *Si* $f \in L^1(\mathbb{R}) \cap C^p$ *et si toutes les dérivées* $f^{(k)}, k = 1, \cdots, p$ *sont dans* $L^1(\mathbb{R})$ *alors*

$$\forall k = 1, 2, \cdots, p \qquad \widehat{f^{(k)}}(\omega) = (2i\pi\omega)^k \; \hat{f}(\omega) \; .$$

3. . *Si* $f \in L^1(\mathbb{R})$ *est à support borné alors* $\hat{f} \in C^\infty(\mathbb{R})$.

Théorème 1.5. *Théorème d'inversion de Fourier dans* $L^1(\mathbb{R})$*] Supposons que* f *et* $\hat{f}$ *sont dans* $L^1(\mathbb{R})$*. Alors*

$$\int_{-\infty}^{+\infty} \hat{f}(\omega) \exp(2i\pi\omega t) \, d\omega = f(t) \; ,$$

en tout point t *où* f *est continue.*

Par conséquent, si f est une fonction continue, intégrable telle que $\hat{f} \in L^1(\mathbb{R})$, on a pour tout $x \in \mathbb{R}$:

$$\mathcal{F} \circ \mathcal{F}(f)(x) = \check{f}(x) \overset{def}{=} f(-x) \; ,$$

où $\mathcal{F}$ désigne la transformation de Fourier directe.

A.1.3.2 Transformation de Fourier-Plancherel

On peut étendre la transformation de Fourier aux fonctions de $L^2(\mathbb{R})$ pour obtenir des propriétés liées à la structure hilbertienne de $L^2(\mathbb{R})$. On rappelle que

$$L^2(\mathbb{R}) = \{ \; f : \mathbb{R} \to \mathbb{C} \mid \int_{-\infty}^{+\infty} |f(t)|^2 \, dt < +\infty \; \} \; .$$

Le produit hermitien de $L^2(\mathbb{R})$ est donné par $\langle f, g \rangle_2 = \displaystyle\int_{-\infty}^{+\infty} f(t)\bar{g}(t) \, dt$ et la norme associée est $\|f\|_2 = \left(\displaystyle\int_{-\infty}^{+\infty} |f(t)|^2 \, dt \right)^{1/2}$.

La transformation de Fourier $\mathcal{F}$ (respectivement la transformation inverse $\bar{\mathcal{F}}$) se prolonge en une isométrie de $L^2(\mathbb{R})$ sur $L^2(\mathbb{R})$. On note de la même façon ce prolongement. On a

1. $\forall f \in L^2(\mathbb{R}) \quad \mathcal{F}\bar{\mathcal{F}}f = \bar{\mathcal{F}}\mathcal{F}f = f$ presque partout.

2. $\forall f, g \in L^2(\mathbb{R})) \qquad \langle \mathcal{F}f, \mathcal{F}g \rangle_2 = \langle f, g \rangle_2.$

3. $\forall f \in L^2(\mathbb{R})$ $\|\mathcal{F}f\|_2 = \|f\|_2$.

4. La transformation de Fourier définie sur $L^1(\mathbb{R})$ et celle obtenue par prolongement sur $L^2(\mathbb{R})$, coïncident sur $L^1(\mathbb{R}) \cap L^2(\mathbb{R})$.

5. Si $f \in L^2(\mathbb{R})$, $\mathcal{F}f$ est la limite **dans** $\mathbf{L^2}(\mathbb{R})$ de la suite g_n définie par

$$g_n(\omega) = \int_{-n}^{n} f(t)e^{-2i\pi t\omega} \, dt \; .$$

A.1.3.3 Transformation de Fourier 2D

La représentation fréquentielle des signaux 2D est l'extension directe de celle des signaux monodimensionnels.

Définition 1.1.1 *Soit f une fonction de $L^1(\mathbb{R} \times \mathbb{R})$. La transformée de Fourier F de f est*

$$F(u,v) = \iint_{\mathbb{R}^2} f(x,y)e^{-2i\pi(xu+yv)} \, dx \, dy \; . \qquad (1.5)$$

On rappelle que

$$L^1(\mathbb{R} \times \mathbb{R}) = \{f : \mathbb{R} \times \mathbb{R} \to \mathbb{C} \mid \iint_{\mathbb{R}^2} |f(x,y)| \, dx \, dy \; < +\infty \; .\}$$

La transformée de Fourier 2D est une fonction à valeurs complexes, qui a pour chaque composante un module et une phase. Les résultats précédents (linéarité, décalage, dérivation, convolution) s'étendent à la transformation de Fourier 2D, en particulier l'extension à la transformation de Fourier-Plancherel sur l'espace

$$L^2(\mathbb{R} \times \mathbb{R}) = \{f : \mathbb{R} \times \mathbb{R} \to \mathbb{C} \mid \iint_{\mathbb{R}^2} |f(x,y)|^2 \, dx \, dy \; < +\infty \; ,\}$$

qui est un espace de Hilbert muni du produit

$$\langle f, g \rangle_2 = \iint_{\mathbb{R}^2} f(x,y)\bar{g}(x,y) \, dx \, dy \; .$$

La reconstitution du signal spatial se fait par transformation inverse :

$$f(x,y) = \iint_{\mathbb{R}^2} F(u,v)e^{2i\pi(xu+yv)} \, du \, dv \; . \qquad (1.6)$$

A.2 Ondelettes

Pour plus de détails sur cette section on peut se référer à [63].

A.2.1 Définition des ondelettes -1D

Définition 1.2.1 *Une fonction $\psi \in L^1(\mathbb{R}) \cap L^2(\mathbb{R})$ est une ondelette si elle vérifie la condition d'admissibilité :*

$$C_\psi \overset{def}{=} \int_{\mathbb{R}} \frac{|\hat{\psi}(\omega)|^2}{|\omega|}\, d\omega < +\infty .$$

Ceci implique que $\int_{\mathbb{R}} \psi(x)\, dx = 0$ (c'est même équivalent si $x \mapsto x\psi$ est intégrable). En effet $\int_{\mathbb{R}} \psi(x)\, dx = \hat{\psi}(0)$ ne peut pas être non nul sinon $\dfrac{|\hat{\psi}(\omega)|^2}{|\omega|}$ ne serait pas intégrable.

Les caractéristiques de ψ sont nettement différentes de celle d'une fenêtre comme dans la transformation de Fourier à fenêtre glissante qui a plus ou moins l'allure d'un créneau. Au contraire, ψ sera d'intégrale nulle et oscillante. On s'efforce d'imposer à ψ et à $\hat{\psi}$ une bonne localisation, donc à l'infini une convergence assez rapide vers 0. La fonction obtenue oscille et s'amortit rapidement : elle ressemble à une vague d'où son nom.

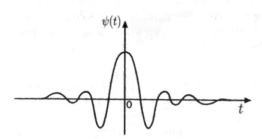

Fig. 1.1 Ondelette

A.2.2 Analyse multi-résolution dans L^2 ($\mathbb{R}$)

On peut construire une base orthonormée d'ondelettes grâce à *l'analyse multi-résolution* (AMR) de $L^2(\mathbb{R})$. On construit une suite de sous-espaces fermés de $L^2(\mathbb{R})$ $(V_j)_{j\in\mathbb{Z}}$ vérifiant :

1. $\forall j \in \mathbb{Z}, \quad V_j \subset V_{j+1} \subset \cdots \subset L^2(\mathbb{R})$.

2. $\displaystyle\bigcap_{j\in\mathbb{Z}} V_j = \{0\}$ et $\displaystyle\overline{\bigcup_{j\in\mathbb{Z}} V_j} = L^2(\mathbb{R})$.

3. $x \mapsto f(x) \in V_j \iff x \mapsto f(2x) \in V_{j+1}$

4. $x \mapsto f(x) \in V_o \iff \forall n \in \mathbb{Z} \quad x \mapsto f(x-n) \in V_o$

5. Il existe une fonction $\varphi \in V_o$ telle que la famille dénombrable $(\varphi_n : x \mapsto \varphi(x-n))_{n\in\mathbb{Z}}$ est une base orthonormée de V_o.

La fonction φ est appelée *fonction d'échelle* de l'AMR.

Interprétation : V_j est une « grille de lecture » du signal de taille 2^j. Cela revient à dire que la projection $P_{V_j} f$ d'un signal $f \in L^2(\mathbb{R})$ est une approximation du signal à la résolution 2^j.
(1) dit qu'une approximation à la taille à la résolution 2^{j+1} contient toute l'information nécessaire pour calculer l'approximation plus grossière à la résolution 2^j
Si on dilate une fonction par 2, les détails sont deux fois plus gros. La condition (3) dit que la même chose est vraie pour les approximations.
(2) dit que si on fait tendre la résolution vers $+\infty$ on retrouve tous les détails de f.
Les espaces V_j se déduisent par dilatation de l'espace V_o :

$$V_j = \mathrm{Vec}\{\varphi_{j,k} : x \mapsto 2^{\frac{j}{2}}\varphi(2^j x - k)| \;\; k \in \mathbb{Z} \}. \tag{1.7}$$

Construction des ondelettes.
On a $V_j \subset V_{j+1}$. On introduit alors W_j le complémentaire orthogonal de V_j dans V_{j+1} :

$$V_{j+1} = V_j \oplus W_j \;.$$

On pourra donc écrire que

$$P_{V_{j+1}} f = P_{V_j} f + P_{W_j} f \;,$$

où $P_{V_j} f$, $P_{V_{j+1}} f$ sont respectivement les *approximations* (projections sur V_k) à l'ordre j et $j+1$ et $P_{W_{j+1}} f$ sont les *détails* qui apparaissent à l'ordre j. Le but est maintenant de construire une base orthonormée de chaque W_j, qui sont deux à deux orthogonaux. Ainsi la réunion des bases de W_j sera une famille orthonormée de $L^2(\mathbb{R})$. C'est même une base car

$$L^2(\mathbb{R}) = V_o \bigoplus_{j=0}^{+\infty} W_j = \bigoplus_{j=-\infty}^{+\infty} W_j \ ,$$

La construction commence par la constatation que la fonction d'échelle $\varphi \in V_o \subset V_1$:

$$\varphi(x) = \sqrt{2} \sum_{n \in \mathbb{Z}} h_n \varphi(2x - n) \ .$$

où les coefficients h_n sont donnés par

$$h_n = \langle \varphi, \varphi_{1,n} \rangle_{L^2} = \sqrt{2} \int_{\mathbb{R}} \varphi(x) \varphi(2x - n) \, dx \ .$$

On reconnaît une convolution discrète correspondant à

$$\varphi(x) = \sqrt{2}(h * \varphi)(2x) \ ,$$

c'est-à-dire aussi $(h * \varphi)(x) = \dfrac{1}{\sqrt{2}} \varphi(\dfrac{x}{2})$ la suite $h = (h_n)_{n \in \mathbb{Z}}$ se comporte donc comme un filtre : on l'appelle *filtre miroir*. En appliquant la transformation de Fourier on a

$$\hat{\varphi}(2\omega) = \frac{1}{\sqrt{2}} \hat{h}(\omega) \hat{\varphi}(\omega) \ , \tag{1.8}$$

avec

$$\hat{h}(\omega) = \sum_{n \in \mathbb{Z}} h_n e^{-in\omega} \ .$$

En particulier $\hat{h}(0) = \sqrt{2}$.

On cherche donc une fonction ψ telle que $(\psi_n : x \mapsto \psi(x - n))_{n \in \mathbb{Z}}$ soit une base de W_o. Sous les hypothèses de l'AMR, une solution possible est donnée par le théorème suivant :

Théorème 1.2.1 *Soit φ une fonction d'échelle et h le filtre miroir correspondant. Soit g le filtre conjugué défini par $g_n = (-1)^{1-n} \overline{h_{1-n}}$. Soit ψ donnée par*

$$\psi(x) = \sqrt{2} \sum_{n \in \mathbb{Z}} g_n \varphi(2x - n) \ .$$

Soit $\psi_{j,k} : x \mapsto 2^{\frac{j}{2}} \psi(2^j x - k)$, alors

1. *pour j fixé, $(\psi_{j,k})_{k \in \mathbb{Z}}$ est une base orthonormée de W_j.*

2. *$(\psi_{j,k})_{k,j \in \mathbb{Z}}$ est une base orthonormée de $L^2(\mathbb{R})$.*

Une telle fonction ψ est appelée *ondelette* de l'AMR.

Proposition 1.2.1 *Soient $j, k,\ n \in \mathbb{Z}$ et $(\varphi_{j,k})_{j,k \in \mathbb{Z}}$ la famille définie par (1.7). Alors*

$$\langle \varphi_{j,n}, \varphi_{j-1,k} \rangle = h_{n-2k} \ .$$

Nous obtenons donc

$$L^2(\mathbb{R}) = V_o \bigoplus_{j=0}^{+\infty} W_j = \bigoplus_{j=-\infty}^{+\infty} W_j \ ,$$

avec

$$W_j = \text{Vec}\{\psi_{j,k} : x \mapsto 2^{\frac{j}{2}}\psi(2^j x - k)| \ \ k \in \mathbb{Z} \ \}.$$

Soit $f \in L^2(\mathbb{R})$. Sa décomposition en ondelettes s'écrit :

$$f(x) = \underbrace{\sum_{k \in \mathbb{Z}} c_k \varphi(x - k)}_{V_o} + \sum_{j=0}^{+\infty} \sum_{k \in \mathbb{Z}} d_{j,k} \psi_{j,k}(x) = \sum_{j=-\infty}^{+\infty} \sum_{k \in \mathbb{Z}} d_{j,k} \psi_{j,k}(x) \ ,$$

avec

$$c_k = \int_{\mathbb{R}} f(x)\varphi(x - k) \, dx \text{ et } d_{j,k} = \int_{\mathbb{R}} f(x)\psi_{j,k}(x) \, dx \ .$$

En pratique on cherche à avoir N moments nuls.

A.2.3 Algorithme rapide de décomposition en ondelettes - FWT

La transformée en ondelette rapide décompose successivement P_{V_j} en une approximation plus grossière $P_{V_{j-1}}$ et en coefficients d'ondelettes correspondant à $P_{W_{j-1}}$. Soit s un signal discret de longueur 2^N points. Ce signal peut correspondre à l'échantillonnage d'un signal f défini sur un intervalle $[a, b]$. Si on pose

$$a_k = a + \frac{k}{2^N}(b - a) \ , 0 \leqslant k \leqslant 2^N - 1 \ ,$$

on a $s(k) = f(a_k)$ par exemple. Le prolongement le plus simple est le prolongement périodique.

Etape 0 : on introduit les coefficients $C_N = (c_{N,k})$

$$c_{N,k} \simeq 2^{-\frac{N}{2}} s(k) \ \ k = 0, \cdots, 2^N - 1 \ ,$$

correspondant au niveau maximal de détails (et donc à la plus grande échelle). On considère alors la fonction $s_N \in V_N$:

$$s_N = \sum_{k=0}^{2^N-1} c_{N,k} \varphi_{N,k} \ .$$

Décomposition : $V_N = V_o \oplus W_o \oplus \cdots W_{N-1}$. On va décomposer le signal en partant de l'échelle N pour aller jusqu'à l'échelle 1.
Pour $j = N, \cdots, 1$ on utilise : $V_j = V_{j-1} \oplus W_{j-1}$.
La fonction

$$s_j = \sum_{k=0}^{2^j-1} c_{j,k}\varphi_{j,k}$$

de V_j s'écrit aussi par décomposition

$$s_j = \sum_{k=0}^{2^{j-1}-1} c_{j-1,k}\varphi_{j-1,k} + \sum_{k=0}^{2^{j-1}-1} d_{j-1,k}\psi_{j,k} \ .$$

Grâce à l'orthogonalité, on obtient

$$c_{j-1,k} = \langle f_j, \varphi_{j-1,k}\rangle_2 = \left\langle \sum_{n=0}^{2^j-1} c_{j,n}\varphi_{j,n}, \varphi_{j-1,k}\right\rangle_2 = \sum_{n=0}^{2^j-1} c_{j,n}\langle\varphi_{j,n},\varphi_{j-1,k}\rangle_2 \ .$$

Avec la proposition (1.2.1) on conclut que $\forall k = 0, \cdots, 2^{j-1}-1$:

$$c_{j-1,k} = \sum_{n=0}^{2^j-1} c_{j,n}h_{n-2k} \ .$$

De même

$$d_{j-1,k} = \sum_{n=0}^{2^j-1} d_{j,n}g_{n-2k} \ ,$$

avec $g_n = (-1)^{1-n}h_{1-n}$.

En termes de convolution circulaire de période 2^j ces égalités se réécrivent (avec $C_{j-1} = (c_{j-1,k}, k = 0, \cdots, 2^{j-1}-1, \cdots)$)

> **Convolution - décimation**
>
> $$c_{j-1,k} = (C_j * \bar{h})_{2k}, \quad \forall k = 0, \cdots, 2^{j-1}-1$$
>
> $$d_{j-1,k} = (D_j * \bar{g})_{2k}, \quad \forall k = 0, \cdots, 2^{j-1}-1$$

avec $\bar{h}_n = h_{-n}$ et $\bar{g}_n = g_{-n}$.

Recomposition : à partir des coefficients d'ondelettes et de la valeur moyenne de la fonction : $[c_{0,0}, \{d_{j,k}\}, j = 0, \cdots, N-1, k = 0, \cdots; 2^{j-1}]$ on veut retrouver les coefficients C_N. On utilise dans ce sens $V_{j-1} \oplus W_{j-1} = V_j$ pour $j = 0, \cdots, N-1$:

$$c_{j,k} = \sum_{n=0}^{2^{j-1}-1} c_{j-1,n}h_{k-2n} + \sum_{n=0}^{2^{j-1}-1} d_{j-1,n}g_{k-2n}$$

c'est-à-dire en notant $\tilde{x}_n = x_p$ si $n = 2p$ et $\tilde{x}_n = 0$ si $n = 2p+1$:

$$C_{j,k} = (\widetilde{C_{j-1}} * h)_k + (\widetilde{D_{j-1}} * g)_k \ .$$

Pour plus de détails sur ces résultats et leurs démonstrations, on peut se référer à [63].

A.2.4 Ondelettes 2D

Une fonction $\psi \in L^1(\mathbb{R}^2) \cap L^2(\mathbb{R}^2)$ est une ondelette si elle remplit la condition d'admissibilité suivante :

$$c_\psi = \iint_{\mathbb{R}^2} \frac{|\hat{\psi}(\mathbf{k})|^2}{\|\mathbf{k}\|^2} \, d\mathbf{k} < +\infty \ .$$

Cette propriété implique encore que $\displaystyle\iint_{\mathbb{R}^2} \psi(\mathbf{x}) \, d\mathbf{x} = 0$.

Dans la pratique, on utilise souvent une condition plus forte en imposant à l'ondelette un nombre p de *moments nuls :*

$$\iint_{\mathbb{R}^2} x^n y^m \psi(\mathbf{x}) \, d\mathbf{x} = 0, \ \forall(n,m) \text{ tels que } |n|+|m| \leqslant p-1 \text{ et } \iint_{\mathbb{R}^2} \|\mathbf{x}\|^n \psi(\mathbf{x}) \, d\mathbf{x} \neq 0 \ ,$$

où $\mathbf{x} = (x,y)$. Cette propriété signifie que la transformée de Fourier de l'ondelette doit s'annuler comme $\|\mathbf{k}\|^p$ en $\mathbf{k} = 0$ dans l'espace spectral.

À partir d'une ondelette « mère » $\psi(\mathbf{x})$, la famille d'ondelettes est définie par dilatation, rotation et translation :

$$\psi(a, \mathbf{b}, \theta)(\mathbf{x}) = \frac{1}{a} \psi \left(R_\theta \left(\frac{\mathbf{x} - \mathbf{b}}{a} \right) \right) \ ,$$

avec $\mathbf{b} \in \mathbb{R}^2$, a une échelle positive et R_θ la rotation d'angle θ de $\mathbb{R}^2$, de matrice $\begin{bmatrix} \cos\theta & \sin\theta \\ -\sin\theta & \cos\theta \end{bmatrix}$.

Exemples

Ondelette de Morlet anisotrope : Soit $\mathbf{u}_\alpha = (\cos\alpha, \sin\alpha)$ le vecteur unitaire dans la direction α. L'ondelette de Morlet (complexe) est :

$$\psi(\mathbf{x}) = e^{-\pi\|\mathbf{x}\|^2} e^{2i\pi 5 \mathbf{x} \cdot \mathbf{u}} \ .$$

Ondelettes isotropes :

Laplaciens itérés de Gaussienne : pour $n \geqslant 1$, on définit une ondelette h_{2n} par :

$$h_{2n}(\mathbf{x}) = (-1)^n \left(\frac{\partial^2}{\partial x^2} + \frac{\partial^2}{\partial y^2} \right)^n e^{-\pi\|\mathbf{x}\|^2} .$$

Sa transformée de Fourier est :

$$\hat{h}_{2n}(\mathbf{k}) = 4^n \pi^{2n} \|\mathbf{k}\|^{2n} e^{-\pi\|\mathbf{k}\|^2} .$$

h_2 est le laplacien de la fonction gaussienne, couramment utilisé en vision par ordinateur. Dans la littérature, h_2 est appelée communément le *chapeau mexicain*.

L'ondelette h_{2n} a exactement $2n$ moments nuls. Le maximum de sa transformée de Fourier $\hat{h}_{2n}$ trouve en $k_o = \sqrt{2n}$.

A.2.5 Transformée en Ondelettes 2D directionnelle

Soit ψ une ondelette 2D. La *transformée en ondelettes directionnelle* d'une fonction $f \in L^2(\mathbb{R}^2)$ est définie par :

$$Wf(a, \mathbf{b}, \theta) = \iint\limits_{\mathbb{R}^2} f(\mathbf{x}) \overline{\psi_{a,\mathbf{b},\theta}(\mathbf{x})} \, d\mathbf{x} = \frac{1}{a} \iint\limits_{\mathbb{R}^2} f(\mathbf{x}) \overline{\psi \left(R_{-\theta} \left(\frac{\mathbf{x} - \mathbf{b}}{a} \right) \right)} \, d\mathbf{x} .$$

Par le théorème de Parseval on a :

$$Wf(a, \mathbf{b}, \theta) = a \iint\limits_{\mathbb{R}^2} \hat{f}(\mathbf{k}) \overline{\hat{\psi}(aR_{-\theta}\mathbf{k})} e^{2i\pi\mathbf{k}\cdot\mathbf{b}} \, d\mathbf{k} .$$

Formule de reconstruction : La fonction f peut être reconstruite par la formule suivante :

$$f(\mathbf{x}) = \frac{1}{c_\psi} \int_0^{+\infty} \int_0^{2\pi} \iint\limits_{\mathbb{R}^2} Wf(a, \mathbf{b}, \theta) \psi_{a,\mathbf{b},\theta}(\mathbf{x}) \frac{da}{a^3} \, d\theta \, d\mathbf{b} ,$$

avec

$$c_\psi = \iint\limits_{\mathbb{R}^2} \frac{|\hat{\psi}(\mathbf{k})|^2}{\|\mathbf{k}\|^2} d\mathbf{k} .$$

La conservation de l'énergie s'écrit avec les coefficients d'ondelettes :

$$\iint\limits_{\mathbb{R}^2} |f(\mathbf{x})|^2 \, d\mathbf{x} = \frac{1}{c_\psi} \int_0^{+\infty} \int_0^{2\pi} \iint\limits_{\mathbb{R}^2} |Wf(a, \mathbf{b}, \theta)|^2 \frac{da}{a^3} \, d\theta \, d\mathbf{b} .$$

A.2.6 Transformée en Ondelette isotrope

Dans le cas où l'ondelette est réelle, isotrope, (ie radiale $\psi(\mathbf{x}) = h(\|\mathbf{x}\|)$, la transformée en ondelette d'une fonction f est définie par :

$$Wf(a, \mathbf{b}) = \frac{1}{a} \iint\limits_{\mathbb{R}^2} f(\mathbf{x}) \psi\left(\frac{\mathbf{x} - \mathbf{b}}{a}\right) d\mathbf{x} .$$

L'intégrale sur θ n'apparaît plus. Par le théorème de Parseval on a :

$$Wf(a, \mathbf{b}) = a \iint\limits_{\mathbb{R}^2} \hat{f}(\mathbf{k}) \overline{\hat{\psi}(a\mathbf{k})} e^{2i\pi\mathbf{k}\cdot\mathbf{b}} d\mathbf{k} .$$

Cette propriété signifie que la transformée en ondelette filtre la fonction f autour du nombre d'onde $\frac{k_o}{a}$.
Si ψ est admissible on a *conservation de l'énergie* :

$$\iint\limits_{\mathbb{R}^2} |f(\mathbf{x})|^2 \, d\mathbf{x} = \frac{1}{c_\psi} \int_0^{+\infty} \iint\limits_{\mathbb{R}^2} |Wf(a, \mathbf{b})|^2 \frac{da\, d\mathbf{b}}{a^3} ,$$

et la formule de reconstruction :

$$f(\mathbf{x}) = \frac{1}{c_\psi} \int_0^{+\infty} \iint\limits_{\mathbb{R}^2} Wf(a, \mathbf{b}) \psi_{a,\mathbf{b}}(\mathbf{x}) \frac{da\, d\mathbf{b}}{a^3},$$

A.2.7 Décomposition d'une fonction sur une base d'ondelettes 2D - AMR 2D [63]

Nous avons vu le principe de l'AMR dans le cas 1D et la façon de décomposer une fonction de $L^2(\mathbb{R})$ sur une base orthogonale d'ondelettes. La décomposition d'une fonction de $L^2(\mathbb{R}^2)$ se fait de la même façon, chaque fonction de base étant le produit tensoriel de fonctions de bases 1D.
On se donne une base de $L^2(\mathbb{R})$ donnée par une AMR d'ondelette ψ et de fonction d'échelle ϕ.

$$L^2(\mathbb{R}) = V_o \bigoplus_{j=0}^{+\infty} W_j = \bigoplus_{j=-\infty}^{+\infty} W_j ,$$

et

$$V_{j+1} = V_j \oplus W_j .$$

La fonction d'échelle 2D Ψ est associée à une approximation multirésolution de $L^2(\mathbb{R}^2)$:

$$L^2(\mathbb{R}) = \mathcal{V}_o \bigoplus_{j=0}^{+\infty} \mathcal{W}_j = \bigoplus_{j=-\infty}^{+\infty} \mathcal{W}_j \ ,$$

où

$$\mathcal{V}_{j+1} = \mathcal{V}_j \oplus \mathcal{W}_j \ , \ \text{et} \ \mathcal{V}_j = V_j \otimes V_j \ .$$

On voit alors que

$$\mathcal{V}_{j+1} = V_{j+1} \otimes V_{j+1} = \underbrace{V_j \otimes V_j}_{\mathcal{V}_j} \oplus \underbrace{(V_j \otimes W_j) \oplus (W_j \otimes V_j) \oplus (W_j \otimes W_j)}_{\mathcal{W}_j} .$$

Donc

$$\mathcal{W}_j = (V_j \otimes W_j) \oplus (W_j \otimes V_j) \oplus (W_j \otimes W_j),$$

et la fonction d'échelle 2D $\Phi = \phi \otimes \phi$ est définie par

$$\Phi = \phi \otimes \phi : (x, y) \mapsto \phi(x)\phi(y),$$

et les ondelettes 2D horizontale, verticale et diagonale sont définies par

$$\Psi^h(x, y) = \phi(x)\psi(y), \ \Psi^v(x, y) = \psi(x)\phi(y), \ \Psi^d(x, y) = \psi(x)\psi(y).$$

La famille

$$\{\Psi^h_{j,\mathbf{k}}, \Psi^v_{j,\mathbf{k}} \Psi^d_{j,\mathbf{k}}\}, \mathbf{k} = (k_x, k_y) \in \mathbb{Z}^2, \ j \in \mathbb{Z}, \ ,$$

où

$$\Psi^{h,v,d}_{j,\mathbf{k}}(x, y) = 2^{\frac{j}{2}} \Psi^{h,v,d}(2^j x - k_x, 2^j y - k_y),$$

est une base hilbertienne de $L^2(\mathbb{R}^2)$.

La transformée en ondelette rapide consiste alors à calculer les coefficients d'ondelettes sur une grille 2D : Toute fonction f à support compact (par exemple dans $L^2([0,1] \times [0,1])$) se décompose de la manière suivante :

$$f = c_0 + \sum_{j=0}^{+\infty} \sum_{k_x, k_y = 0}^{2^j - 1} \left(d^h_{j,\mathbf{k}} \Psi^h_{j,\mathbf{k}} + d^v_{j,\mathbf{k}} \Psi^v_{j,\mathbf{k}} + d^d_{j,\mathbf{k}} \Psi^d_{j,\mathbf{k}} \right) \ ,$$

avec $j \in \mathbb{N}$, $0 \leqslant k_x, k_y \leqslant 2^j - 1$. En pratique les coefficients d'ondelette sont stockés sous la forme suivante

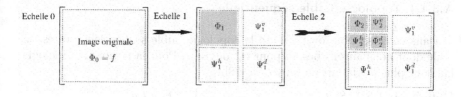

Fig. 1.2 Stockage des coefficients d'ondelettes en 2D

(a) Originale   (b) Décomposition sur la base de Haar

Fig. 1.3 Décomposition multi-résolution sur la base de Haar

Pour plus de détails on pourra consulter [63] (Chapitre 7, section 7.7.2).

A.3 Optimisation dans les espaces de Banach

A.3.1 Eléments d'analyse fonctionnelle

Soit V un espace de Banach (réel), c'est-à-dire un espace vectoriel normé complet et V' son dual (i.e. l'ensemble des formes linéaires continues sur V). On note $\|\ \|_V$ la norme de V et $\langle \cdot, \cdot \rangle$ le *crochet de dualité* entre V et V' défini par

$$\forall \varphi \in V', \forall x \in V \qquad \langle \varphi, x \rangle = \varphi(x) \ .$$

A.3.1.1 Topologie faible séquentielle

Dans cette section, on présente la topologie faible séquentielle qui est la seule dont nous aurons besoin pour cet ouvrage. Pour la notion de topologie faible et plus de détails on renvoie à [18].

Définition 1.3.1 *Soit* $(x_n)_{n\in\mathbb{N}}$ *une suite de* V. *On dit que*
- (x_n) *converge fortement vers* x *et on note* $x_n \to x$ *si* $\|x_n - x\|_V \to 0$ *où* $\|\cdot\|_V$ *désigne la norme de* V ;
- (x_n) *converge faiblement vers* x *et on note* $x_n \rightharpoonup x$ *si*

$$\forall \varphi \in V' \qquad \langle \varphi, x_n \rangle \to \langle \varphi, x \rangle .$$

Théorème 1.3.1 *Soit* (x_n) *une suite de* V. *On a*

1. *Si* $x_n \to x$ *fortement, alors* $x_n \rightharpoonup x$ *faiblement.*

2. *Si* $x_n \rightharpoonup x$ *faiblement, alors* $\|x_n\|_V$ *est bornée et* $\|x\|_V \leqslant \liminf \|x_n\|_V$.

3. *Si* $x_n \rightharpoonup x$ *faiblement et si* $\varphi_n \to \varphi$ *fortement dans* V' *(c'est-à-dire si* $\|\varphi_n - \varphi\|_{V'} \to 0$), *alors* $\langle \varphi, x_n \rangle \to \langle \varphi, x \rangle$.

On vient de voir qu'une suite qui converge fortement converge faiblement. La réciproque est **fausse** : elle n'est vraie que si l'espace V est de dimension finie.

Théorème 1.3.2 *Lorsque* V *est de dimension finie, la topologie faible séquentielle et la topologie forte usuelle coïncident. En particulier une suite* (x_n) *converge faiblement si et seulement si elle converge fortement.*

A.3.1.2   Topologie faible (séquentielle) et convexité

Tout ensemble fermé pour la topologie (séquentielle) faible, l'est aussi pour la topologie forte : en effet si C est fermé faible, toute suite de C convergente fortement est aussi faiblement convergente : donc sa limite faible (qui est aussi sa limite forte) est dans C. La réciproque est en général fausse. Toutefois pour les ensembles **convexes** les deux notions coïncident.

Théorème 1.3.3 *Soit* C *un sous-ensemble* ***convexe*** *d'un Banach* V. *Alors* C *est faiblement (séquentiellement) fermé si et seulement s'il est fortement fermé.*

Ce théorème est une conséquence directe du théorème de Hahn-Banach A.4.1. Précisons maintenant la notion de continuité d'une fonction (ou fonctionnelle) J d'un espace de Banach de V dans $\mathbb{R} \cup \{+\infty\}$. On rappelle qu'une fonction est continue en $x \in V$ pour la topologie forte séquentielle si

$$\forall x_n \to x \quad (\text{fort}) \quad J(x_n) \to J(x) .$$

Une fonction J de V dans $\mathbb{R} \cup \{+\infty\}$ sera continue en $x \in V$ pour la topologie **faible** séquentielle si

$$\forall x_n \rightharpoonup x \quad \text{(faible)} \quad J(x_n) \to J(x) .$$

Une fonction continue pour la convergence faible séquentielle l'est aussi pour la convergence forte séquentielle puisque que la convergence forte d'une suite entraîne sa convergence faible. Plus précisément, si J est faiblement continue en x , pour toute suite x_n qui converge fortement vers x on a :

$$x_n \to x \Longrightarrow x_n \rightharpoonup x \Longrightarrow J(x_n) \to J(x) ,$$

et donc J est continue pour la topologie forte séquentielle.

La réciproque est **fausse** dans le cas général. Nous verrons qu'elle est vraie, sous certaines conditions, dans le cas des opérateurs linéaires. Elle est « en partie » vraie pour les fonctions convexes. Précisons ce que que signifie « en partie », en définissant la notion de semi-continuité :

Définition 1.3.2 *Une fonction J de V dans $\mathbb{R} \cup \{+\infty\}$ est semi-continue inférieurement (sci) sur V si elle satisfait aux conditions équivalentes :*
 – $\forall a \in \mathbb{R}, \quad \{ u \in V \mid J(u) \leqslant a \}$ est fermé
 – $\forall \bar{u} \in V, \quad \displaystyle\liminf_{u \to \bar{u}} J(u) \geqslant J(\bar{u})$.

Théorème 1.3.4 *Toute fonction convexe sci pour la topologie forte (celle de la norme) de V est encore sci pour la topologie faible de V.*

En pratique ce résultat s'utilise sous la forme du corollaire suivant :

Corollaire 1.3.1 *Soit J une fonctionnelle convexe de V dans $\mathbb{R} \cup \{+\infty\}$ sci (par exemple continue) pour la topologie forte. Si v_n est une suite de V faiblement convergente vers v alors*

$$J(v) \leqslant \liminf_{n \to +\infty} J(v_n).$$

On retrouve le fait que si $x_n \rightharpoonup x$ faiblement dans V alors

$$\|x\|_V \leqslant \liminf_{n \to +\infty} \|x_n\|_V ;$$

en effet $x \to \|x\|_V$ est une application convexe, continue (donc sci) forte, donc sci faible.

A.3.1.3 Topologie faible *

Nous allons maintenant présenter une topologie sur V' qu'on appelle la topologie faible * séquentielle.

Définition 1.3.3 *Soit* $(\varphi_n)_{n \in \mathbb{N}}$ *une suite de* V'. *On dit que* (φ_n) *converge vers* φ *pour la topologie faible*, et on note* $\varphi_n \overset{*}{\rightharpoonup} \varphi$ *si*

$$\forall x \in V \qquad \langle \varphi_n, x \rangle \to \langle \varphi, x \rangle .$$

Attention, la topologie faible * **n'est pas** la topologie faible sur l'espace dual V'. Ce n'est le cas que si $V = V''$ (à un isomorphisme près) c'est-à-dire si V est un espace de Banach *réflexif*.

Théorème 1.3.5 *Soit* (φ_n) *une suite de* V'. *On a*

1. *Si* $\varphi_n \overset{*}{\rightharpoonup} \varphi$ *pour la topologie faible *, alors* $\|\varphi_n\|_{V'}$ *est bornée et* $\|\varphi\| \leqslant \liminf\limits_{n \to +\infty} \|\varphi_n\|_{V'}$.

2. *Si* $\varphi_n \overset{*}{\rightharpoonup} \varphi$ *pour la topologie faible *, et si* $x_n \to x$ *fortement dans* V, *alors* $\langle \varphi_n, x_n \rangle \to \langle \varphi, x \rangle$.

A.3.2 Théorème de compacité

Nous donnons maintenant un des théorèmes de compacité les plus importants de l'analyse fonctionnelle qui justifie l'utilisation de la topologie faible *. C'est « l'analogue » du théorème de Bolzano-Weierstrass en dimension finie. Nous admettrons ce théorème.

Théorème 1.3.6 (Banach-Alaoglu-Bourbaki) *Soit* V *une espace vectoriel normé réel. La boule unité fermée de l'espace dual* V'

$$B_{V'} = \{ \varphi \in V' \mid \|\varphi\|_{V'} \leqslant 1 \} ,$$

est compacte pour la topologie faible *.
En d'autres termes, de toute suite bornée de V' *on peut extraire une sous-suite convergente pour la topologie faible *.*

Dans le cas où V est un espace réflexif, V est identifié à son bidual V'' et les topologies faible et faible * coïncident. Le théorème 1.3.6 s'applique avec V au lieu de V'. En fait, nous avons même un résultat plus fort puisqu'il s'agit d'une caractérisation des espaces réflexifs :

Théorème 1.3.7 (Kakutani) *Soit* V *un espace de Banach. Alors* V *est réflexif si et seulement si la boule unité fermée de* V

$$B_V = \{ x \in V \mid \|x\|_V \leqslant 1 \} ,$$

est compacte pour la topologie faible, c'est-à-dire que de toute suite bornée de V *on peut extraire une sous-suite convergente pour la topologie faible.*

Un corollaire immédiat est le suivant :

Corollaire 1.3.2 *Soit V un espace de Banach. Alors V est réflexif si et seulement si V' est réflexif.*

A.3.3 Gâteaux-différentiabilité des fonctionnelles convexes

Nous allons maintenant les propriétés de différentiabilité utiles dans le cadre de l'optimisation dans un Banach.

Définition 1.3.4 *Soit J une fonctionnelle de V dans $\mathbb{R} \cup \{+\infty\}$. Le domaine $dom(J)$ est défini par*

$$dom(J) \stackrel{def}{=} \{u \in V \mid J(u) < +\infty\} \, .$$

On dit que J est Gâteaux-différentiable en $u \in dom\ (J)$ si la dérivée directionnelle

$$J'(u; v) = \lim_{t \to 0^+} \frac{J(u + tv) - J(u)}{t},$$

existe dans toute direction v de V et si l'application

$$v \mapsto J'(u; v)$$

est linéaire continue.

De manière générale on notera $\nabla J(u)$ la Gâteaux-différentielle de J en u. C'est un élément du dual V'.

Si V est un espace de Hilbert, avec le théorème de représentation de Riesz (voir [18] par exemple) on identifie V et son dual ; on note alors

$$J'(u; v) = \langle \nabla J(u), v \rangle,$$

où $\langle \cdot, \cdot \rangle$ coïncide alors avec le produit scalaire de V. L'élément $\nabla J(u)$ de V est le *gradient* de J en u.

Il est clair que si J est différentiable au sens classique en u (on dit alors *Fréchet* - différentiable), alors J est Gâteaux-différentiable en u, et la dérivée classique et la dérivée au sens de Gâteaux coïncident.

Théorème 1.3.8 *Soit $J : \mathcal{C} \subset V \to \mathbb{R}$, Gâteaux différentiable sur $\mathcal{C}$, avec $\mathcal{C}$ convexe. J est convexe si et seulement si*

$$\forall (u, v) \in \mathcal{C} \times \mathcal{C} \qquad J(v) \geqslant J(u) + \langle \nabla J(u), v - u \rangle \qquad (1.9)$$

Théorème 1.3.9 *Soit $J : \mathcal{C} \subset V \to \mathbb{R}$, Gâteaux différentiable sur $\mathcal{C}$, avec $\mathcal{C}$ convexe. J est convexe si et seulement si ∇J est un opérateur monotone, c'est-à-dire*

$$\forall (u,v) \in \mathcal{C} \times \mathcal{C} \qquad \langle \nabla J(u) - \nabla J(v), u - v \rangle \geqslant 0. \qquad (1.10)$$

Remarque 1.3.1 *Supposons que ∇ soit un opérateur strictement monotone :*

$$\forall (u,v) \in \mathcal{C} \times \mathcal{C}, \ u \neq v, \qquad \langle \nabla J(u) - \nabla J(v), u - v \rangle > 0. \qquad (1.11)$$

alors J est strictement convexe.

De manière analogue, on définit la (Gâteaux) dérivée seconde de J en u, comme étant la dérivée de la fonction (vectorielle) $u \mapsto \nabla J(u)$. On la note $D^2 J(u)$ et on l'appellera Hessien par analogie avec le Hessien au sens de Fréchet; ce Hessien est identifiable à une matrice carrée $n \times n$ lorsque $V = \mathbb{R}^n$.

A.3.4 Minimisation dans un Banach réflexif

Sauf mention du contraire, on suppose désormais que V est un espace de Banach réflexif de dual (topologique) V'.
Commençons par un résultat général de minimisation d'une fonctionnelle semi-continue sur un ensemble fermé de V.

Définition 1.3.5 *On dit que $J : V \to \mathbb{R}$ est coercive si*

$$\lim_{\|x\|_V \to +\infty} J(x) = +\infty.$$

Théorème 1.3.10 *On suppose que V est un Banach réflexif. Soit J une fonctionnelle de V dans $\mathbb{R} \cup \{+\infty\}$, semi-continue inférieurement pour la topologie faible de V. Soit K un sous-ensemble non vide et faiblement fermé de V. On suppose que J est propre (c'est-à-dire qu'il existe un élément v_o de K tel que $J(v_o) < +\infty$). Alors le problème de minimisation suivant :*

$$(\mathcal{P}) \quad \begin{cases} Trouver \ u \ tel \ que \\ J(u) = \inf \ \{ \ J(v) \mid v \in K \ \}, \end{cases} \qquad (1.12)$$

admet au moins une solution dans l'un des cas suivants :
– soit J est coercive i.e. $\lim_{\|v\|_V \to +\infty} J(v) = +\infty$,
– soit K est borné.

Un corollaire important concerne le cas convexe.

Corollaire 1.3.3 *On suppose que V est un Banach réflexif. Soit J une fonctionnelle de V dans $\mathbb{R} \cup \{+\infty\}$, propre, convexe et semi-continue inférieurement et K un sous-ensemble convexe non vide et fermé de V. Si J est coercive ou si K est borné, le problème de minimisation admet une solution. Si, de plus, J est strictement convexe la solution est unique.*

Rappelons enfin le théorème donnant une condition nécessaire d'optimalité du premier ordre.

Théorème 1.3.11 *Soient K un sous-ensemble convexe, non vide de V et J une fonctionnelle de K vers $\mathbb{R}$ Gâteaux-différentiable sur K. Soit u dans V une solution du problème $(\mathcal{P})$. Alors*

$$\forall v \in K, \qquad \langle \nabla J(u), v - u \rangle \geqslant 0. \tag{1.13}$$

A.3.5 Exemple : Projection sur un convexe fermé

Dans ce qui suit V est un espace de Hilbert muni d'un produit scalaire $\langle \cdot, \cdot \rangle$ et de la norme associée $\| \cdot \|$ et C est un sous-ensemble non vide, convexe et fermé de V.

Théorème 1.3.12 *Etant donnés C un sous-ensemble convexe, fermé et non vide de V et x un élément quelconque de V, le problème*

$$\min \{ \|x - y\|^2, \ y \in C \}$$

a une solution unique $x^* \in C$. De plus $x^* \in C$ est caractérisé par :

$$\forall y \in C \qquad \langle x - x^*, y - x^* \rangle \leqslant 0. \tag{1.14}$$

Le point x^* est le *projeté* de x sur C. L'application $P_C : V \to C$ qui à x associe son projeté x^* est la *projection* de V sur C. Le projeté $P_C(x)$ est donc le point de C qui est le « plus près » de x. Nous avons une seconde caractérisation de x^* de manière immédiate :

Corollaire 1.3.4 *Sous les hypothèses du théorème (1.3.12) on peut caractériser le projeté $x^* \in C$ de x par :*

$$\forall y \in C \qquad \langle x^* - y, y - x \rangle \leqslant 0. \tag{1.15}$$

On définit de manière classique la fonction *distance* d'un point x à l'ensemble C par

$$d(x, C) = \inf_{y \in C} \|x - y\|. \tag{1.16}$$

Dans le cas où C est un convexe fermé, on vient donc de démontrer que

$$d(x, C) = \|x - P_C(x)\|.$$

Proposition 1.3.1 *La projection P_C est continue de V dans C. Plus précisément on a*

$$\forall (x, y) \in V \times V \qquad \|P_C(x) - P_C(y)\| \leqslant \|x - y\|,$$

c'est-à-dire P_C est une contraction.

Remarque 1.3.2 *1. Si $x \in C$ alors $P_C(x) = x$. Plus généralement si $C = V$ alors $P_C = Id_V$.*
2. Le théorème 1.3.12 est faux si C n'est pas convexe ou si C n'est pas fermé.
3. La projection P_C n'est pas différentiable en général, mais l'application $x \mapsto \|x - P_C(x)\|^2$ l'est.

Exemple 1.3.1 (Projection sur un sous-espace vectoriel) *Dans le cas où C est un sous-espace vectoriel fermé de V, c'est bien sûr un convexe fermé non vide. L'opérateur de projection est dans ce cas linéaire (c'est faux dans le cas général). Le projeté x^* d'un élément x, sur C, est caractérisé par*

$$\forall y \in C \qquad \langle x - x^*, y \rangle = 0.$$

Cela signifie que $x - x^* \in C^\perp$ (l'orthogonal de C). On retrouve ainsi la classique projection orthogonale sur un sous-espace vectoriel fermé.

A.4 Analyse convexe et analyse non lisse

A.4.1 Théorème de Hahn-Banach

Dans ce qui suit $\mathcal{X}$ est un espace de Banach réel de dual $\mathcal{X}'$ (pas nécessairement réflexif). On désigne par $\langle \cdot, \cdot \rangle$ le produit de dualité entre $\mathcal{X}$ et $\mathcal{X}'$:

$$\forall \varphi \in \mathcal{X}', \forall x \in \mathcal{X} \qquad \langle \varphi, x \rangle = \varphi(x) \,.$$

Le théorème de Hahn-Banach, sous sa forme géométrique, permet de séparer des ensembles convexes. Il est très important en analyse convexe et sert en particulier à exhiber des multiplicateurs en optimisation. Nous rappelons ici la forme géométrique de ce théorème qui est la seule utile dans notre cas, ainsi que des corollaires importants. Pour les démonstrations et plus de précisions nous renvoyons à [18].

Définition 1.4.1 (Hyperplan affine) *Un hyperplan affine fermé est un ensemble de la forme*

$$H = \{ \, x \in \mathcal{X} \mid \langle \alpha, x \rangle + \beta = 0 \, \},$$

où $\alpha \in \mathcal{X}'$ est une forme linéaire continue non nulle sur $\mathcal{X}$ et $\beta \in \mathbb{R}$.

Dans le cas où $\mathcal{X}$ est un espace de Hilbert V (en particulier si $V = \mathbb{R}^n$), on peut identifier V à son dual et tout hyperplan affine fermé est de la forme

$$H = \{ \, x \in V \mid \langle \alpha, x \rangle + \beta = 0 \, \},$$

où $\langle \cdot, \cdot \rangle$ désigne alors le produit scalaire de V, $\alpha \in V$, $\alpha \neq 0$ et $\beta \in \mathbb{R}$.

Définition 1.4.2 (Séparation) *Soient A et B deux sous-ensembles non vides de $\mathcal{X}$. On dit que l'hyperplan affine H d'équation : $\langle \alpha, x \rangle + \beta = 0$, sépare A et B au sens large si*

$$\forall x \in A \quad \langle \alpha, x \rangle + \beta \leq 0 \quad et \quad \forall y \in B \quad \langle \alpha, y \rangle + \beta \geq 0.$$

On dit que H sépare A et B strictement s'il existe $\varepsilon > 0$ tel que

$$\forall x \in A \quad \langle \alpha, x \rangle + \beta \leq -\varepsilon \quad et \quad \forall y \in B \quad \langle \alpha, y \rangle + \beta \geq \varepsilon.$$

Donnons à présent la première forme géométrique du théorème de Hahn-Banach :

Théorème 1.4.1 *Soient A et B deux sous-ensembles de $\mathcal{X}$ convexes, non vides et disjoints. On suppose que A est ouvert. Alors, il existe un hyperplan affine fermé qui sépare A et B au sens large.*

Corollaire 1.4.1 *Soit C un convexe fermé non vide de $\mathbb{R}^n$ et $x^* \in C$. Alors : $x^* \in Int(C)$ si et seulement si il n'existe aucune forme linéaire séparant x^* et C.*

Citons aussi la deuxième forme géométrique du théorème de Hahn-Banach :

Théorème 1.4.2 *Soient A et B deux sous-ensembles de $\mathcal{X}$ convexes, non vides et disjoints. On suppose que A est fermé et que B est compact. Alors, il existe un hyperplan affine fermé qui sépare A et B strictement.*

A.4.2 Sous-différentiel

Définition 1.4.3 *Soit $f : \mathcal{X} \to \mathbb{R} \cup \{+\infty\}$ et $u \in dom\, f$ (i.e. $f(u) < +\infty$). Le sous-différentiel de f en u est l'ensemble $\partial f(u)$ (éventuellement vide) des $u^* \in \mathcal{X}'$ tels que*

$$\forall v \in \mathcal{X} \quad f(v) \geq f(u) + \langle u^*, v - u \rangle.$$

Les éléments u^* sont appelés sous-gradients.

Remarque 1.4.1 *1. $f : \mathcal{X} \to \mathbb{R} \cup \{+\infty\}$ atteint son minimum en $u \in dom\, f$ si et seulement si*

$$0 \in \partial f(u).$$

2. Si $f, g : \mathcal{X} \to \mathbb{R} \cup \{+\infty\}$ et $u \in dom\, f \cap dom\, g$, on a

$$\partial f(u) + \partial g(u) \subset \partial (f + g)(u).$$

3. Comme

$$\partial f(u) = \bigcap_{v \in \mathcal{X}} \{u^* \in \mathcal{X}' \mid \langle u^*, v - u \rangle \leqslant f(v) - f(u) \},$$

$\partial f(u)$ est un sous-ensemble convexe, fermé pour la topologie faible *, comme intersection de convexes fermés.

4. Pour tout $\lambda > 0$ on a $\partial(\lambda f)(u) = \lambda \partial f(u)$.

Théorème 1.4.3 (Lien avec la Gâteaux-différentiabilité) *Soit $f : \mathcal{X} \to \mathbb{R} \cup \{+\infty\}$ convexe.*
Si f est Gâteaux-différentiable en $u \in$ dom f, elle est sous-différentiable et $\partial f(u) = \{f'(u)\}$.
Réciproquement, si f est finie, continue en u et ne possède qu'un seul sous-gradient, alors f est Gâteaux-différentiable en u et $\partial f(u) = \{f'(u)\}$.

Théorème 1.4.4 (Sous-différentiel d'une somme de fonctions) *Soient f et g convexes, semi-continues inférieurement à valeurs dans $\mathbb{R} \cup \{+\infty\}$. On suppose qu'il existe $u_o \in$ dom $f \cap$ dom g tel que f soit continue en u_o. Alors*

$$\forall u \in \mathcal{X} \qquad \partial(f + g)(u) = \partial f(u) + \partial g(u).$$

Nous terminons par le résultat de composition suivant :

Théorème 1.4.5 *Soit Λ linéaire continue de V dans W (espaces de Banach). Soit f convexe, semi-continue inférieure de W dans $\mathbb{R} \cup \{+\infty\}$ continue en au moins un point de son domaine (supposé non vide). Alors*

$$\forall u \in V \qquad \partial(f \circ \Lambda)(u) = \Lambda^* \partial f(\Lambda u),$$

où Λ^* est l'opérateur adjoint de Λ.

Pour plus de détails sur ces notions on peut consulter [13, 42]. Nous terminons par un exemple important.

A.4.3 Application à l'indicatrice d'un ensemble

Dans le cas où f est la fonction indicatrice d'un sous-ensemble non vide K de $\mathcal{X}$:

$$f(u) \overset{def}{=} 1_K(u) = \begin{cases} 0 & \text{si } u \in K, \\ +\infty & \text{sinon} \end{cases} \qquad (1.17)$$

le sous-différentiel de f en u est appelé *cône normal* de K en u :

$$\partial 1_K(u) = N_K(u) = \{ u^* \in \mathcal{X}' \mid \langle u^*, v - u \rangle \leqslant 0 \text{ pour tout } v \in K \}.$$

Dans le cas où $\mathcal{X}$ est un espace de Hilbert identifié à son dual, et K un sous-ensemble fermé, convexe non vide de $\mathcal{X}$, nous allons préciser le sous-différentiel de 1_K en u (c'est-à-dire le cône normal à K en u) :

Proposition 1.4.1 *Soit* $u \in K$, *où* K *est un sous-ensemble fermé, convexe non vide de* $\mathcal{X}$ *espace de Hilbert. Alors, pour tout réel c strictement positif,*

$$\lambda \in \partial 1_K(u) \Longleftrightarrow \lambda = c[u + \frac{\lambda}{c} - P_K(u + \frac{\lambda}{c})]$$

où P_K *est la projection de* $\mathcal{X}$ *sur le convexe* K.

Preuve. Remarquons tout d'abord que $\partial 1_K(u)$ est un sous-ensemble de $\mathcal{X}$. On rappelle également que si P_K est la projection de $\mathcal{X}$ sur le convexe fermé K, l'image $P_K(w)$ d'un élément quelconque w de $\mathcal{X}$ est caractérisée par

$$\forall v \in K \qquad \langle w - P_K(w), v - P_K(w) \rangle_{\mathcal{X}} \leqslant 0,$$

où $\langle \cdot, \cdot \rangle_{\mathcal{X}}$ désigne le produit scalaire de $\mathcal{X}$. Soit $\lambda \in \partial 1_K(u)$: λ est caractérisé par

$$\forall v \in K \qquad \langle \lambda, v - u \rangle_{\mathcal{X}} \leqslant 0$$

c'est-à-dire, pour tout $c > 0$

$$\forall v \in K \qquad \left\langle u + \frac{\lambda}{c} - u, v - u \right\rangle_{\mathcal{X}} \leqslant 0.$$

D'après ce qui précède (en posant $w = u + \frac{\lambda}{c}$)

$$\lambda \in \partial 1_K(u) \Longleftrightarrow u = P_K(u + \frac{\lambda}{c}) \Longleftrightarrow \lambda = c[u + \frac{\lambda}{c} - P_K(u + \frac{\lambda}{c})].$$

A.4.3.1 Transformation de Legendre-Fenchel

Définition 1.4.4 *Soit* $f : \mathcal{X} \to \mathbb{R} \cup \{+\infty\}$ *une fonction. La transformée de Legendre-Fenchel ou conjuguée de f est la fonction* $f^* : \mathcal{X}' \to \bar{\mathbb{R}}$ *définie par*

$$\forall \ell \in \mathcal{X}' \qquad f^*(\ell) = \sup_{u \in \mathcal{X}} \{ \ell(u) - f(u) \}. \tag{1.18}$$

Remarque 1.4.2 *(a) Si on autorisait f à « prendre » la valeur $-\infty$, alors $f^* \equiv +\infty$. Si f est propre (c'est-à-dire non identiquement égale à $+\infty$) alors f^* est à valeurs dans $\mathbb{R} \cup \{+\infty\}$.*
(a) On notera comme précédemment $\ell(u) = \langle \ell, u \rangle$, où $\langle \cdot, \cdot \rangle$ désigne le produit de dualité entre $\mathcal{X}$ et $\mathcal{X}'$. L'équation (1.18) s'écrit alors

$$\forall u^* \in \mathcal{X}' \qquad f^*(u^*) = \sup_{u \in \mathcal{X}} \{ \langle u^*, u \rangle - f(u) \}.$$

Définition 1.4.5 *Soit* $A \subset \mathcal{X}$ *un ensemble (non vide). La fonction d'appui de l'ensemble A est la fonction* $\sigma_A : \mathcal{X}' \to \mathbb{R} \cup \{+\infty\}$ *définie par* $\sigma_A = (1_A)^*$ *où 1_A désigne l'indicatrice de A*

$$1_A(x) = \begin{cases} 0 & si \ x \in A, \\ +\infty & sinon. \end{cases}$$

Exemple 1.4.1 *Soit A un ensemble et $f(x) = d(x, A)$. Alors $f^* = \sigma_A + 1_{B*}$ où B est la boule unité de $\mathcal{X}'$.*
Si $f : u \mapsto \|u\|_{\mathcal{X}}$ (où $\| \cdot \|_{\mathcal{X}}$ désigne la norme de $\mathcal{X}$), alors $f^* = 1_{B*}$

Proposition 1.4.2 *Pour toute fonction $f : \mathcal{X} \to \mathbb{R} \cup \{+\infty\}$, la fonction f^* est convexe et semi-continue inférieurement pour la topologie faible *.*

Preuve. Par définition

$$f^* = \sup_{u \in dom f} \varphi_u,$$

où dom f est le domaine de f (i.e. l'ensemble des éléments $u \in \mathcal{X}$ tels que $f(u)$ est finie) et $\varphi_u : \mathcal{X}' \to \mathbb{R}$ est définie par

$$\varphi_u(u^*) = \langle u^*, u \rangle - f(u).$$

Chacune des fonctions φ_u est affine et continue, donc convexe et semi-continue inférieurement pour la topologie faible* de $\mathcal{X}'$. Il en est de même pour le sup. □

Plus généralement

Proposition 1.4.3 *Soit f une fonction positivement homogène (propre) de $\mathcal{X}$ dans $\mathbb{R} \cup \{+\infty\}$, c'est-à-dire vérifiant*

$$\forall \lambda \in \mathbb{R}, \forall x \in \mathcal{X} \qquad f(\lambda x) = |\lambda| f(x) .$$

Alors sa conjuguée f^* est l'indicatrice d'un sous-ensemble K convexe et fermé de $\mathcal{X}'$.

Preuve. Soit f une fonction positivement homogène (propre) de $\mathcal{X}$ dans $\mathbb{R} \cup \{+\infty\}$. Soit $u^* \in \mathcal{X}'$. Deux cas se présentent :
• $\exists u_o \in \mathcal{X}$ tel que $\langle u^*, u_o \rangle - f(u_o) > 0$. Alors par homogénéité, pour tout $\lambda > 0$

$$\langle u^*, \lambda u_o \rangle - f(\lambda u_o) = \lambda[\langle u^*, u_o \rangle - f(u_o)] \leqslant f^*(u^*).$$

Donc, en passant à la limite pour $\lambda \to +\infty$ on obtient $f^*(u^*) = +\infty$.
• Dans le cas contraire

$$\forall u \in \mathcal{X} \qquad \langle u^*, u \rangle - f(u) \leqslant 0,$$

et donc $f^*(u^*) \leqslant 0$. Or par définition de f^*,

$$\langle u^*, 0 \rangle - f(0) \leqslant f^*(u^*) ;$$

comme f est positivement homogène $f(0) = f(n \cdot 0) = nf(0)$ pour tout $n \in \mathbb{N}$ et donc $f(0) = 0$. On a donc finalement : $f^*(u^*) = 0$.

Posons $K = \{u^* \in \mathcal{X}^* \mid f^*(u^*) = 0\}$. On vient de montrer que $f^* = 1_K$. Comme f^* est convexe et semi-continue inférieurement, K est convexe et fermé. $\qquad\square$

Nous allons maintenant donner un résultat reliant $f + g$ et $f^* + g^*$ qui est le fondement de la théorie de la dualité en analyse convexe :

Théorème 1.4.6 *Soient* $f, g : \mathcal{X} \to \mathbb{R} \cup \{+\infty\}$ *des fonctions convexes telles qu'il existe* $u_o \in \text{dom } g$ *avec* f *continue en* u_o. *Alors*

$$\inf_{u \in \mathcal{X}} (f(u) + g(u)) = \max_{u^* \in \mathcal{X}'} (-f^*(u^*) - g^*(-u^*)).$$

Preuve. Posons

$$\alpha = \inf_{u \in \mathcal{X}} (f(u) + g(u)) \text{ et } \beta = \sup_{u^* \in \mathcal{X}'} (-f^*(u^*) - g^*(-u^*)).$$

Soient $u \in \mathcal{X}$ et $u^* \in \mathcal{X}'$: par définition on a

$$-f^*(u^*) \leqslant -\langle u^*, u \rangle + f(u) \text{ et } -g^*(-u^*) \leqslant \langle u^*, u \rangle + g(u),$$

donc

$$-f^*(u^*) - g^*(-u^*) \leqslant f(u) + g(u) \text{ ;}$$

en passant au sup sur le terme de gauche et à l'inf sur celui de droite, on obtient

$$\beta \leqslant \alpha.$$

Montrons l'inégalité inverse. Comme $u_o \in \text{dom } f \cap \text{dom } g$, $\alpha \in \mathbb{R} \cup \{-\infty\}$. Si $\alpha = -\infty$, le théorème est démontré. On peut donc supposer que $\alpha \in \mathbb{R}$. Soient

$$C = \text{int}(\{(u, t) \in \mathcal{X} \times \mathbb{R} \mid f(u) \leqslant t\}),$$

et

$$D = \{(u, t) \in \mathcal{X} \times \mathbb{R} \mid t \leqslant \alpha - g(u)\}) \neq \varnothing.$$

Comme f et g sont convexes, C et D sont convexes. Comme f est continue en u_o, C est non vide. De plus $C \cap D = \varnothing$. On peut donc appliquer le théorème de Hahn-Banach : on peut trouver $(u_o^*, s_o) \in \mathcal{X}' \times \mathbb{R} \backslash \{0, 0\}$ et $c \in \mathbb{R}$ tels que

$$\forall (v, s) \in D \qquad \langle u_o^*, v \rangle + s s_o \geqslant c,$$

et

$$\forall (w, \sigma) \in C \qquad c \geqslant \langle u_o^*, w \rangle + \sigma s_o. \qquad (1.19)$$

Comme σ peut tendre vers $+\infty$ d'après la définition de C, on obtient $s_o \leqslant 0$. *Supposons que* $s_o \neq 0$. Dans ce cas, $s_o < 0$ et (quitte à diviser tout par $|s_o|$) on peut supposer que $s_o = -1$. On obtient

$$\forall (v, s) \in D \qquad -\langle u_o^*, v \rangle + s \leqslant -c.$$

Soit $u \in \mathcal{X}$ et $s = \alpha - g(u)$: le couple (u, s) est dans D. Donc

$$\forall u \in \mathcal{X} \qquad - \langle u_o^*, u \rangle + \alpha - g(u) \leqslant -c.$$

D'autre part l'inégalité (1.19) peut s'étendre à $\bar{C}$ et par convexité

$$\bar{C} = \{(u, t) \in \mathcal{X} \times \mathbb{R} \mid f(u) \leqslant t \} \ ;$$

on peut donc l'appliquer au couple $(u, f(u)$ pour tout $u \in \mathcal{X}$ ce qui donne

$$c \geqslant \langle u_o^*, u \rangle - f(u).$$

Finalement,
$$g^*(-u_o^*) \leqslant -c - \alpha \text{ et } f^*(u_o^*) \leqslant c.$$

Donc
$$\alpha \leqslant -f^*(u_o^*) - g^*(-u_o^*) \leqslant \beta \leqslant \alpha$$

ce qui finit la démonstration.

Cas où $s_o = 0$: comme f est continue en u_o on peut trouver une boule $B(u_o, R)$ avec $R > 0$ incluse dans dom f. On a alors $(u_o, \alpha - g(u_o)) \in D$ et pour tout $w \in B(u_o, R)$, $(u_o + w, f(u_o) + \varepsilon_o) \in C$: d'où

$$\langle u_o^*, u_o + w \rangle \leqslant c \leqslant \langle u_o^*, u_o \rangle.$$

Ceci entraîne que $u_o^* = 0$ et une contradiction puisque $(u_o^*, s_o) \neq (0, 0)$. $\quad\square$

Remarque 1.4.3 *Notons que dans le théorème le « sup » dans le terme de droite est toujours atteint (c'est un « max ») ce qui n'est pas le cas dans le terme de gauche. où l'inf n'est pas nécessairement atteint.*

Corollaire 1.4.2 *Soit* $f : \mathcal{X} \to \mathbb{R} \cup \{+\infty\}$ *une fonction convexe continue en* $u \in \mathcal{X}$. *Alors*
$$f(u) = \max_{u^* \in \mathcal{X}'} \left(\langle u^*, u \rangle - f^*(u^*) \right) \ .$$

Preuve. Posons $g = 1_{\{u\}}$. On a $g^*(u^*) = \langle u^*, u \rangle$ pour tout $u^* \in \mathcal{X}'$. Les fonctions f et g sont convexes et f est continue en $u \in$ dom g. On a donc d'après le théorème précédent :

$$f(u) = \inf_{u \in \mathcal{X}} (f + g)(u)$$
$$= \max_{u^* \in \mathcal{X}'} \left(-f^*(u^*) - g^*(-u^*) \right) = \max_{u^* \in \mathcal{X}'} \left(\langle u^*, u \rangle - f^*(u^*) \right).$$

$\square$

On peut généraliser ce résultat à des fonctions convexes semi-continues inférieurement.

Théorème 1.4.7 *Soit* $f : \mathcal{X} \to \mathbb{R} \cup \{+\infty\}$ *une fonction convexe semi-continue inférieurement. Alors, pour tout* $u \in \mathcal{X}$

$$f(u) = \max_{u^* \in \mathcal{X}'} \left(\langle u^*, u \rangle - f^*(u^*) \right).$$

Preuve. Voir [13] p. 89. $\qquad\square$

Terminons par un résultat de bi-dualité qui est un corollaire du théorème précédent dans le cas où $\mathcal{X}$ est réflexif. Ce résultat est encore vrai si même si $\mathcal{X}$ n'est pas réflexif.

Théorème 1.4.8 *Soit f une fonction propre, convexe et semi-continue inférieurement de $\mathcal{X}$ dans $\mathbb{R} \cup \{+\infty\}$. Alors $f^{**} = f$.*

A.4.4 Lien avec le sous-différentiel

Théorème 1.4.9 *Soit $f : \mathcal{X} \to \mathbb{R} \cup \{+\infty\}$ et f^* sa conjuguée. Alors*

$$u^* \in \partial f(u) \iff f(u) + f^*(u^*) = \langle u^*, u \rangle.$$

Preuve. Soit $u^* \in \partial f(u)$:

$$\forall v \in \mathcal{X} \qquad f(v) \geqslant f(u) + \langle u^*, v - u \rangle.$$

Donc

$$f^*(u^*) \geqslant \langle u^*, u \rangle - f(u) \geqslant \sup\{\langle u^*, v \rangle - f(v) \mid v \in \mathcal{X}\} = f^*(u^*).$$

On obtient : $f(u) + f^*(u^*) = \langle u^*, u \rangle$.
Réciproquement, si $f(u) + f^*(u^*) = \langle u^*, u \rangle$ on a pour tout $v \in \mathcal{X}$

$$\langle u^*, u \rangle - f(u) = f^*(u^*) \geqslant \langle u^*, v \rangle - f(v),$$

$$\langle u^*, v - u \rangle \leqslant f(v) - f(u),$$

c'est-à-dire $u^* \in \partial f(u)$. $\qquad\square$

Corollaire 1.4.3 *Si $f : \mathcal{X} \to \mathbb{R} \cup \{+\infty\}$ est convexe, propre et semi-continue inférieurement, alors*

$$u^* \in \partial f(u) \iff u \in \partial f^*(u^*).$$

Preuve. Il suffit d'appliquer le théorème précédent à f^* et d'utiliser le fait que lorsque f est convexe, propre et sci alors $f = f^{**}$. $\qquad\square$

A.5 Espaces de Sobolev

Pour plus de détails on pourra se référer à [35]. Soit Ω un ouvert borné de $\mathbb{R}^n$, ($n \leqslant 3$ en pratique) de frontière régulière Γ. On appelle $\mathcal{D}(\Omega)$ l'espace des fonctions $\mathcal{C}^\infty$ à support compact dans Ω. Son dual $\mathcal{D}'(\Omega)$ est l'espace des *distributions* sur Ω.

Pour toute distribution $u \in \mathcal{D}'(\Omega)$, la dérivée $\dfrac{\partial u}{\partial x_i}$ est définie (par dualité) de la manière suivante :

$$\forall \varphi \in \mathcal{D}(\Omega) \qquad \left\langle \frac{\partial u}{\partial x_i}, \varphi \right\rangle_{\mathcal{D}'(\Omega), \mathcal{D}(\Omega)} \overset{def}{=} -\left\langle u, \frac{\partial \varphi}{\partial x_i} \right\rangle_{\mathcal{D}'(\Omega), \mathcal{D}(\Omega)} .$$

On notera indifféremment la dérivée de u au sens des distributions $D_i u = \dfrac{\partial u}{\partial x_i} = \partial_i u$.

si $\alpha \in \mathbb{N}^n$, on note $D^\alpha u = \partial_1^{\alpha_1} u \cdots \partial_n^{\alpha_n} u$ et $|\alpha| = \alpha_1 + \cdots + \alpha_n$; on obtient

$$\forall \varphi \in \mathcal{D}(\Omega) \qquad \langle D^\alpha u, \varphi \rangle_{\mathcal{D}'(\Omega), \mathcal{D}(\Omega)} = (-1)^{|\alpha|} \langle u, D^\alpha \varphi \rangle_{\mathcal{D}'(\Omega), \mathcal{D}(\Omega)} .$$

Définition 1.5.1 *On définit les espaces de Sobolev $H^m(\Omega)$ de la manière suivante :*

$$H^1(\Omega) = \left\{\, u \in L^2(\Omega) \mid \frac{\partial u}{\partial x_i} \in L^2(\Omega),\ i = 1 \cdots n \,\right\},$$

$$H^m(\Omega) = \left\{\, u \in \mathcal{D}'(\Omega) \mid D^\alpha u \in L^2(\Omega),\ |\alpha| \leqslant m \,\right\}.$$

Remarque 1.5.1 $H^0(\Omega) = L^2(\Omega)$.

Nous allons énoncer une série de propriétés des espaces de Sobolev, sans démonstration. On pourra consulter [35] par exemple.

Proposition 1.5.1 $H^m(\Omega)$ *muni du produit scalaire :*

$$\langle u, v \rangle_m = \sum_{|\alpha| \leqslant m} \int_\Omega D^\alpha u(x)\, D^\alpha v(x)\, dx ,$$

est un espace de Hilbert.

Proposition 1.5.2
$$H^m(\Omega) \subset H^{m'}(\Omega)$$

et l'injection est continue, pour $m \geqslant m'$.

Définition 1.5.2
$$H_0^1(\Omega) = \left\{\, u \in H^1(\Omega) \mid u_{|\Gamma} = 0 \,\right\}.$$

C'est aussi l'adhérence de $\mathcal{D}(\Omega)$ dans $H^1(\Omega)$.

$$H_0^m(\Omega) = \{\, u \in H^m(\Omega) \mid \frac{\partial^j u}{\partial n^j}_{|\Gamma} = 0,\ j = 0, \cdots, m-1 \,\} \,,$$

où $\dfrac{\partial}{\partial n}$ est la dérivée de u suivant la normale extérieure à Γ la frontière de Ω :

$$\frac{\partial u}{\partial n} = \sum_{i=1}^{n} \frac{\partial u}{\partial x_i} \cos(\mathbf{n}, \mathbf{e_i}) \,,$$

où $\mathbf{n}$ est la normale extérieure à Γ et Ω est supposé « régulier » (de frontière $\mathcal{C}^\infty$ par exemple).

Définition 1.5.3 (Dualité) *Pour tout $m \in \mathbb{N}$, on note $H^{-m}(\Omega)$ le dual de $H_0^m(\Omega)$.*

Théorème 1.5.1 (Rellich) *Si Ω est un ouvert borné de $\mathbb{R}^n$, alors pour tout $m \in \mathbb{N}$, l'injection de $H_0^{m+1}(\Omega)$ dans $H_0^m(\Omega)$ est compacte .*

En particulier l'injection de $H_0^1(\Omega)$ dans $L^2(\Omega)$ est compacte.
En pratique, cela signifie que toute suite bornée en norme $H_0^1(\Omega)$ converge faiblement dans $H_0^1(\Omega)$ (après extraction d'une sous-suite) et fortement dans $L^2(\Omega)$.

A.6 L'espace des fonctions à variation bornée $BV(\Omega)$

A.6.1 Généralités

Dans ce qui suit Ω un ouvert borné de $\mathbb{R}^2$ de frontière Lipschitz et $\mathcal{C}_c^1(\Omega, \mathbb{R}^2)$ est l'espace des fonctions $\mathcal{C}^1$ à support compact dans Ω et à valeurs dans $\mathbb{R}^2$.

Définition 1.6.1 *Une fonction f de $L^1(\Omega)$ (à valeurs dans $\mathbb{R}$) est à variation bornée dans Ω si $\Phi(f) < +\infty$ où*

$$\Phi(f) = \sup \left\{ \int_\Omega f(x)\, div\, \varphi(x)\, dx \mid \varphi \in \mathcal{C}_c^1(\Omega, \mathbb{R}^2)\,,\ \|\varphi\|_\infty \leqslant 1 \right\}. \qquad (1.20)$$

On note
$$BV(\Omega) = \{ f \in L^1(\Omega) \mid \Phi(f) < +\infty \}$$

l'espace de telles fonctions.

Remarque 1.6.1 *On rappelle que si $\varphi = (\varphi_1, \varphi_2) \in \mathcal{C}_c^1(\Omega, \mathbb{R}^2)$ alors*

$$\forall x = (x_1, x_2) \in \Omega \qquad div\, \varphi(x) = \frac{\partial \varphi_1}{\partial x_1}(x) + \frac{\partial \varphi_2}{\partial x_2}(x) \,.$$

Donc, par intégration par parties

$$\int_{\Omega} f(x)\, div\, \varphi(x)\, dx = \int_{\Omega} \left(f(x)\, \frac{\partial \varphi_1}{\partial x_1}(x) + \frac{\partial \varphi_2}{\partial x_2}(x) \right)\, dx$$

$$= -\int_{\Omega} \left(\frac{\partial f}{\partial x_1}(x)\varphi_1(x) + \frac{\partial f}{\partial x_2}(x)\varphi_2(x) \right)\, dx$$

$$= -\int_{\Omega} \nabla f(x) \cdot \varphi(x)\, dx\ ,$$

où · *désigne le produit scalaire de* $\mathbb{R}^2 : x \cdot y = x_1 y_1 + x_2 y_2$.

Définition 1.6.2 (Périmètre) *Un ensemble E mesurable (pour la mesure de Lebesgue) dans $\mathbb{R}^2$ est de périmètre (ou de longueur) fini si sa fonction caractéristique χ_E est dans $BV(\Omega)$.*

On rappelle qu'une mesure de Radon est une mesure finie sur tout compact et que grâce au théorème de Riesz, toute forme $\mathcal{L}$ linéaire continue sur $\mathcal{C}_c^0(\Omega)$ (fonctions continues à support compact) est de la forme

$$\mathcal{L}(f) = \int_{\Omega} f(x)\, d\mu\ ,$$

où μ est une (unique) mesure de Radon associée à $\mathcal{L}$. Plus précisément

Théorème 1.6.1 ([83] p. 126, [43] p. 49) *A toute forme linéaire bornée $\mathcal{L}$ sur $\mathcal{C}_c^0(\Omega, \mathbb{R}^2)$, c'est-à-dire*

$$\forall K\ compact\ de\ \Omega,\ \sup \left\{ \mathcal{L}(\varphi)\, |\, \varphi \in \mathcal{C}_c^0(\Omega, \mathbb{R}^2)\, ,\ \|\varphi\|_\infty \leqslant 1\, ,\ supp\, \varphi \subset K\ \right\} < +\infty,$$

il correspond une unique mesure de Radon positive μ sur Ω et une fonction μ-mesurable σ (fonction « signe ») telle que
(i) $|\sigma(x)| = 1$, μ p.p. , et
(ii) $\mathcal{L}(\varphi) = \int_{\Omega} \varphi(x)\, \sigma(x)\, d\mu$ pour toute fonction $\varphi \in \mathcal{C}_c^0(\Omega, \mathbb{R}^2)$.
(iii) De plus μ est la mesure de variation et vérifie

$$\mu(\Omega) = \sup \left\{ \mathcal{L}(\varphi)\ |\ \varphi \in \mathcal{C}_c^0(\Omega, \mathbb{R}^2)\, ,\ \|\varphi\|_\infty \leqslant 1\, ,\ supp\, \varphi \subset \Omega\ \right\} . \qquad (1.21)$$

Nous pouvons donc donner une propriété structurelle des fonctions de $BV(\Omega)$.

Théorème 1.6.2 *Soit $f \in BV(\Omega)$. Alors il existe une mesure de Radon positive μ sur Ω et une fonction μ-mesurable $\sigma : \Omega \to \mathbb{R}$ telle que*
(i) $|\sigma(x)| = 1$, μ p.p. , et
(ii) $\int_{\Omega} f(x)\, div\, \varphi(x)\, dx = -\int_{\Omega} \varphi(x)\, \sigma(x)\, d\mu$ pour toute fonction $\varphi \in \mathcal{C}_c^1(\Omega, \mathbb{R}^2)$.

La relation (ii) est une formule d'intégration par parties *faible*. Ce théorème indique que la dérivée faible (au sens des distributions) d'une fonction de $BV(\Omega)$ est une mesure de Radon.

Preuve - Soit f un élément de $BV(\Omega)$. On considère la forme linéaire $\mathcal{L}$ définie sur $\mathcal{C}_c^1(\Omega, \mathbb{R}^2)$ par

$$\mathcal{L}(\varphi) = \int_\Omega f(x) \mathrm{div}\, \varphi(x)\, dx\ .$$

Comme $f \in BV(\Omega)$,

$$C_{\mathcal{L}} \stackrel{def}{=} \sup\left\{ \mathcal{L}(\varphi) \mid \varphi \in \mathcal{C}_c^1(\Omega, \mathbb{R}^2)\ ,\ \|\varphi\|_\infty \leqslant 1 \right\} < +\infty$$

pour toute fonction $\varphi \in \mathcal{C}_c^1(\Omega, \mathbb{R}^2)$. Par conséquent

$$\forall \varphi \in \mathcal{C}_c^1(\Omega, \mathbb{R}^2) \qquad \mathcal{L}(\varphi) \leqslant C_{\mathcal{L}} \|\varphi\|_\infty\ . \tag{1.22}$$

Soit K un compact de Ω. Pour toute fonction $\varphi \in \mathcal{C}_c^0(\Omega, \mathbb{R}^2)$ à support compact dans K, on peut trouver (par densité) une suite de fonctions $\varphi_k \in \mathcal{C}_c^1(\Omega, \mathbb{R}^2)$ qui converge uniformément vers φ. Posons alors

$$\bar{\mathcal{L}}(\varphi) = \lim_{k \to +\infty} \mathcal{L}(\varphi_k)\ .$$

Grâce à (1.22) cette limite existe et elle est indépendante de la suite (φ_k) choisie. On peut donc ainsi étendre $\mathcal{L}$ par densité en une forme linéaire $\bar{\mathcal{L}}$ sur $\mathcal{C}_c^0(\Omega, \mathbb{R}^2)$ telle que

$$\sup\left\{ \bar{\mathcal{L}}(\varphi) \mid \varphi \in \mathcal{C}_c^0(\Omega, \mathbb{R}^2)\ ,\ \|\varphi\|_\infty \leqslant 1\ ,\ \mathrm{supp}\, \varphi \subset K \right\} < +\infty\ .$$

On conclut alors grâce au théorème de Riesz. □

D'après la propriété (1.21), $\Phi(u) = \mu(\Omega) \geqslant 0$: c'est la *variation totale* de f. L'application

$$BV(\Omega) \to \mathbb{R}^+$$
$$u \mapsto \|u\|_{BV(\Omega)} = \|u\|_{L^1} + \Phi(u)\ .$$

est une norme. On munit désormais l'espace $BV(\Omega)$ de cette norme.

Exemple 1.6.1 *Supposons que*

$$f \in W^{1,1}(\Omega) = \left\{\ f \in L^1(\Omega) \mid Df \in L^1(\Omega)\ \right\}\ ,$$

où Df est la dérivée de f au sens des distributions. Soit $\varphi \in \mathcal{C}_c^1(\Omega, \mathbb{R}^2)$ telle que $\|\varphi\|_\infty \leqslant 1$. Alors

$$\int_\Omega f\, \mathrm{div}\, \varphi\, dx = -\int_\Omega Df \cdot \varphi\, dx \leqslant \|\varphi\|_\infty \int_\Omega |Df|\, dx \leqslant \|Df\|_{L^1} < +\infty\ .$$

Donc $f \in BV(\Omega)$. De plus

$$\varPhi(f) = \sup\{-\int_{\Omega} Df \cdot \varphi \, dx \mid \|\varphi\|_{\infty} \leqslant 1\} = \|Df\|_{L^1} \ ,$$

et

$$\sigma = \begin{cases} \dfrac{Df}{|Df|} & si \ Df \neq 0 \ , \\ 0 & sinon. \end{cases}$$

Donc $W^{1,1}(\Omega) \subset BV(\Omega)$. *En particulier, comme* Ω *est borné*

$$\forall 1 \leqslant p \leqslant +\infty \quad W^{1,p}(\Omega) \subset BV(\Omega) \ .$$

Toute fonction d'un espace de Sobolev $W^{1,p}$ *est à variation bornée.*

Remarque 1.6.2 *D'après le théorème de Radon-Nikodym de décomposition des mesures, pour toute fonction* $u \in BV(\Omega)$, *nous avons la décomposition suivante de* Du *(dérivée au sens des distributions) :*

$$Du = \nabla u \, dx + D^s u \ ,$$

où $\nabla u \, dx$ *est la partie absolument continue de* Du *par rapport à la mesure de Lebesgue et* $D^s u$ *est la partie singulière.*

A.6.2 Approximation et compacité

Théorème 1.6.3 (Semi-continuité inférieure de la variation totale)
L'application $u \mapsto \varPhi(u)$ *de* $BV(\Omega)$ *dans* $\mathbb{R}^+$ *est semi-continue inférieurement pour la topologie séquentielle de* $L^1(\Omega)$.
Plus précisément, si (u_k) *est une suite de fonctions de* $BV(\Omega)$ *qui converge vers* u *fortement dans* $L^1(\Omega)$ *alors*

$$\varPhi(u) \leqslant \liminf_{k \to +\infty} \varPhi(u_k) \ .$$

Preuve - Soit $\varphi \in \mathcal{C}_c^1(\Omega, \mathbb{R}^2)$ telle que $\|\varphi\|_{\infty} \leqslant 1$. Alors

$$\int_{\Omega} u(x) \operatorname{div} \varphi(x) \, dx = \lim_{k \to +\infty} \int_{\Omega} u_k(x) \operatorname{div} \varphi(x) \, dx \ .$$

Donc, pour tout $\varepsilon > 0$, il existe $k[\varphi, \varepsilon]$ tel que pour tout $k \geqslant k[\varphi, \varepsilon]$:

$$\int_{\Omega} u(x) \operatorname{div} \varphi(x) \, dx - \varepsilon \leqslant \int_{\Omega} u_k(x) \operatorname{div} \varphi(x) \, dx \leqslant \int_{\Omega} u(x) \operatorname{div} \varphi(x) \, dx + \varepsilon \ .$$

Comme

$$\int_{\Omega} u_k(x) \operatorname{div} \varphi(x) \, dx \leqslant \varPhi(u_k)$$

il vient

$$\forall k \geqslant k[\varphi, \varepsilon] \quad \int_\Omega u(x)\,\mathrm{div}\;\varphi(x)\,dx - \varepsilon \leqslant \Phi(u_k)\;,$$

et donc

$$\int_\Omega u(x)\,\mathrm{div}\;\varphi(x)\,dx \leqslant \liminf_{k\to+\infty} \Phi(u_k)\;.$$

Comme c'est le cas pour tout φ, on obtient

$$\Phi(u) \leqslant \liminf_{k\to+\infty} \Phi(u_k)\;.$$

$\square$

Nous admettrons le résultat suivant

Théorème 1.6.4 (Approximation régulière) *Pour toute fonction* $u \in BV(\Omega)$, *il existe une suite de fonctions* $(u_k)_{k\in\mathbb{N}}$ *de* $BV(\Omega) \cap \mathcal{C}^\infty(\Omega)$ *telle que*
(i) $u_k \to u$ *dans* $L^1(\Omega)$ *et*
(ii) $\Phi(u_k) \to \Phi(u)$ *(dans* $\mathbb{R}$*).*

La démonstration est technique et utilise un procédé classique de régularisation par convolution. On peut se référer à [43] p.172.

Remarquons que le résultat ci-dessus *n'est pas* un résultat de densité de $BV(\Omega) \cap \mathcal{C}^\infty(\Omega)$ dans $BV(\Omega)$ car on n'a pas $\Phi(u_k - u) \to 0$ mais seulement $\Phi(u_k) \to \Phi(u)$.

Théorème 1.6.5 *L'espace* $BV(\Omega)$ *muni de la norme*

$$u \mapsto \|u\|_{BV(\Omega)} = \|u\|_{L^1} + \Phi(u)$$

est un espace de Banach.

Preuve - Soit $(u_n)_{n\in\mathbb{N}}$ une suite de Cauchy dans $BV(\Omega)$. C'est aussi une suite de Cauchy dans $L^1(\Omega)$: elle converge donc vers $u \in L^1(\Omega)$. D'autre part, elle est bornée dans $BV(\Omega)$ (toute suite de Cauchy est bornée), donc

$$\exists M > 0, \forall n \quad \Phi(u_n) \leqslant M\;.$$

D'après le théorème 1.6.3,

$$\Phi(u) \leqslant \liminf_{n\to\infty} \Phi(u_n) \leqslant M < +\infty\;.$$

Par conséquent $u \in BV(\Omega)$. Soit $\varepsilon > 0$ et N tel que

$$\forall n, k \geqslant N \quad \|u_n - u_k\|_{BV(\Omega)} \leqslant \varepsilon\;.$$

Donc

$$\forall n, k \geqslant N \quad \Phi(u_n - u_k) \leqslant \varepsilon$$

et avec la semi-continuité inférieure de Φ en fixant n on obtient

$$\forall n \geqslant N \qquad \Phi(u_n - u) \leqslant \liminf_{k \to \infty} \Phi(u_n - u_k) \leqslant \varepsilon .$$

Ceci prouve que $\Phi(u_n - u) \to 0$. $\qquad\qquad\qquad\qquad\qquad\qquad\square$
Terminons par un résultat important de compacité que nous admettrons.

Théorème 1.6.6 (Compacité) *L'espace $BV(\Omega)$ s'injecte dans $L^1(\Omega)$ de manière compacte. Plus précisément : si $(u_n)_{n \in \mathbb{N}}$ une suite bornée de $BV(\Omega)$*

$$\sup_{n \in \mathbb{N}} \|u_n\|_{BV(\Omega)} < +\infty ,$$

alors, il existe une sous-suite $(u_{n_k})_{k \in \mathbb{N}}$ et une fonction $u \in BV(\Omega)$ telle que u_{n_k} converge fortement vers u dans $L^1(\Omega)$.

Preuve - [43] p.176. $\qquad\qquad\qquad\qquad\qquad\qquad\qquad\qquad\qquad\qquad\square$
Plus généralement on a des injections de type Sobolev :

Théorème 1.6.7 (Injection dans les espaces L^p) *On suppose que Ω est régulier de $\mathbb{R}^N$. Alors*
  - *L'espace $BV(\Omega)$ s'injecte dans $L^p(\Omega)$ de manière continue pour $1 \leqslant p \leqslant \dfrac{N}{N-1}$*
  - *L'espace $BV(\Omega)$ s'injecte dans $L^p(\Omega)$ de manière compacte pour $1 \leqslant p < \dfrac{N}{N-1}$*

En particulier pour $N = 2$ l'espace $BV(\Omega)$ est contenu dans $L^2(\Omega)$ avec injection continue.
Pour plus de détails sur les fonctions à variation bornée, on pourra se reporter à [43].

A.7 Géométrie des courbes planes

Dans ce qui suit on considérera des courbes planes paramétrées connexes, compactes.

A.7.1 Abscisse curviligne - longueur

On considère une courbe paramétrée (Γ, Ψ) : Ψ est une application d'un intervalle I de $\mathbb{R}^2$. C'est une paramétrisation de Γ :

$$\Gamma = \{ M(x,y) \in \mathbb{R}^2 \mid (x(t), y(t)) = \Psi(t), \ t \in I \}.$$

On suppose que $I = [a, b]$ est un intervalle compact de $\mathbb{R}$. Soit Σ l'ensemble des subdivisions σ de $[a, b]$: $\sigma = \{t_o = a,\ t_1, \cdots, t_{n-1}, t_n = b\}$. On pose

$$\ell_\sigma(\Gamma) = \sum_{k=0}^{n-1} d(\Psi(t_{n+1}), \Psi(t_n)) ,$$

où d est la distance euclidienne dans $\mathbb{R}^2$.

Définition 1.7.1 *On dit que la courbe Γ est rectifiable si*

$$\sup_{\sigma \in \Sigma} \ell_\sigma(\Gamma) < +\infty .$$

Ce nombre est la longueur de la courbe Γ : $\ell(\Gamma)$. Elle est indépendante de la paramétrisation (régulière) choisie.

Remarquons que la longueur vérifie la relation de Chasles.
On suppose maintenant que la courbe (c'est-à-dire Ψ) est de classe $\mathcal{C}^1$.

Définition 1.7.2 *Soit Γ une courbe rectifiable, connexe, compacte de classe $\mathcal{C}^1$. Soit $t_o \in I$. On pose*

$$S(t) = \begin{cases} \ell(\Gamma_{t,t_o}) \ si \ t \geqslant t_o, \\ -\ell(\Gamma_{t_o,t}) \ si \ t \leqslant t_o, \end{cases}$$

où $\Gamma_{a,b}$ désigne la courbe obtenue lorsque $t \in [a, b]$.

Théorème 1.7.1 *La fonction réelle S est dérivable sur I et*

$$S'(t) = \|\Psi'(t)\| = \left\| \frac{dM}{dt}(t) \right\| ,$$

où $\|\cdot\|$ désigne la norme euclidienne de $\mathbb{R}^2$ et $M(t) = M(\Psi(t)) = M(x(t), y(t))$.

Corollaire 1.7.1 *Sous les hypothèses précédentes la longueur de la courbe s'exprime par la formule :*

$$\ell(\Gamma) = \int_a^b \left\| \frac{dM}{dt}(t) \right\| dt . \tag{1.23}$$

La fonction S est continue dans l'intervalle I. Son image $J = S(I) \subset \mathbb{R}$ est donc un intervalle et la variable $s = S(t)$ décrivant J est appelée *abscisse curviligne* de la courbe Γ. Le point $M_o = M(t_o)$ est l'origine de l'abscisse curviligne.
Un point *régulier* de Γ est un point où $\Psi'(t) \neq 0$. Si l'ensemble des valeurs du paramètre t telles que $M(t)$ soit un point régulier de Γ est dense dans I, la fonction S est un homéomorphisme de I dans $J = S(I)$. On peut donc

redéfinir un paramétrage $\Theta = \Psi \circ S^{-1}$ de Γ appelé paramétrage de Γ par une abscisse curviligne.

Supposons maintenant que la courbe Γ soit paramétrée par une abscisse curviligne : $\Theta : [a, b] \to \mathbb{R}^2$. La longueur de la courbe est une quantité intrinsèque mais on peut l'écrire en fonction de la paramétrisation : $\ell(\Gamma) = \ell(\Theta)$. On alors le résultat suivant qui nous servira par la suite

Théorème 1.7.2 *Soit $\mathcal{X}$ un ensemble de fonctions $\mathcal{C}^1$ de $\mathbb{R}$ sur $\mathbb{R}^2$ représentant des courbes fermées (valeurs de la fonction et de sa dérivée égales aux bornes). Alors la fonctionnelle*

$$\ell : \mathcal{X} \to \mathbb{R}^+$$
$$\Theta \mapsto \ell(\Theta)$$

est Gâteaux différentiable en toute fonction Θ dont le gradient $\nabla\Theta$ est non nul et

$$\forall h \in \mathcal{X} \quad \left\langle \frac{d\ell}{d\Theta}(\Theta), h \right\rangle = \int_a^b div\left(\frac{\nabla\Theta}{\|\nabla\Theta\|} \right)(s)\, h(s)\, ds\,,$$

où $\|\cdot\|$ désigne la norme euclidienne de $\mathbb{R}^2$.

Preuve - L'application $\mathcal{N} : \mathbb{R}^2 \to \mathbb{R}^+$ définie par $N(x) = \|x\| = \sqrt{x_1^2 + x_2^2}$ est dérivable en tout point $x \neq 0$ et

$$\nabla\mathcal{N}(x) = \frac{x}{\|x\|}\,.$$

Si f est une fonction $\mathcal{C}^1$ non nulle de $[a, b]$ dans $\mathbb{R}^2$, le théorème des fonctions composées donne

$$\frac{d\|f\|}{df} = \frac{f}{\|f\|}\,.$$

Soit $h \in \mathcal{X}$: calculons la Gâteaux-dérivée de ℓ :

$$\left\langle \frac{d\ell}{d\Theta}(\Theta), h \right\rangle = \int_a^b \frac{\nabla\Theta}{\|\nabla\Theta\|}(s) \cdot \nabla h(s)\, ds\,.$$

Une intégration par parties couplée à la condition aux limites donne (la courbe est fermée)

$$\left\langle \frac{d\ell}{d\Theta}(\Theta), h \right\rangle = \int_a^b div(\frac{\nabla\Theta}{\|\nabla\Theta\|}(s))h(s)\, ds\,.$$

$\square$

A.7.2 Étude géométrique locale d'une courbe paramétrée

On rappelle que si $M(t)$ est un point régulier d'une courbe $\mathcal{C}^1$ un vecteur tangent à la courbe en M est défini par

$$T = \frac{dM}{dt}(t) = \Theta'(t) \ .$$

On appelle vecteur *normal* à la courbe un vecteur N orthogonal à T ($\langle T, N \rangle = 0$) .

Supposons maintenant que la courbe est $\mathcal{C}^2$ et que tous ses points sont réguliers. Le paramétrage par l'abscisse curviligne est alors aussi $\mathcal{C}^2$. On suppose donc maintenant que la courbe Γ est paramétrée par une abscisse curviligne. Alors le vecteur tangent

$$T(s) = \frac{dM}{ds}(s)$$

est dérivable et le vecteur $\dfrac{dT}{ds}(s)$ est indépendant du choix de l'abscisse curviligne s.

Définition 1.7.3 *La courbure de Γ au point $M(s_o)$ est le nombre réel*

$$\rho(s_o) = \|\frac{dT}{ds}(s_o)\| \geqslant 0 \ .$$

Un point M de Γ est *bi-régulier* si et seulement si sa courbure est non nulle. Précisons enfin tout cela dans un repère du plan. Soit Γ une courbe $\mathcal{C}^2$, connexe, dont tous les points sont réguliers. On la paramètre par une abscisse curviligne s. Etant donné un repère $(\overrightarrow{i}, \overrightarrow{j})$ on pose :

$$T(s) = \cos(\phi(s))\,\overrightarrow{i} + \sin(\phi(s))\,\overrightarrow{j} \ .$$

La dérivée $\dfrac{d\phi}{ds}(s)$ est indépendante du choix du repère et de ϕ.

Définition 1.7.4 *La courbure algébrique de Γ au point $M(s)$ est le nombre réel*

$$\rho_a(s) = \frac{d\phi}{ds}(s) \ .$$

On peut alors montrer que

$$\rho(s) = \|\rho_a(s)\| \quad \text{et} \quad \frac{dT}{ds}(s) = \rho(s)N(s) \ .$$

Pour plus de détails on peut se référer à [16].

Appendice B
Récapitulatif des différents procédés de traitement

Nous donnons dans cette annexe un panorama des différentes méthodes présentées, par leur effet sur une image :

(a) Image originale   (b) Image bruitée

(c) Image floue   (d) Image bruitée et floutée

Fig. 2.1 Images tests

© Springer-Verlag Berlin Heidelberg 2015
M. Bergounioux, *Introduction au traitement mathématique des images - méthodes déterministes*, Mathématiques et Applications 76,
DOI 10.1007/978-3-662-46539-4

B.1 Traitements ponctuels - Chapitre 2

(a) Image originale   (b) Image en négatif

Fig. 2.2 Original et négatif

(a) Plus clair (+60)   (b) Plus sombre (-60)

Fig. 2.3 Éclaircissement et assombrissement

(a) Original   (b) Image recadrée avec $a =$ 30, $b = 200$

(c) Dilatation de la dynamique des zones claires ($a = 80$, $b = 200$)   (d) Dilatation de la dynamique des zones sombres ($a = 100$, $b = 40$)

Fig. 2.4 Recadrage et contraste p. 26

(a) Original   (b) Image égalisée

Fig. 2.5 Égalisation d'histogramme p. 28

(a) Fenêtre d'intensité entre 30   (b) Seuillage à $S = 100$
et 100

Fig. 2.6 Seuillage et binarisation p. 29

B.2 Débruitage - Chapitres 3, 4 et 6

(a) Filtre gaussien 3 x 3   (b) Filtre gaussien 5 x 5

Fig. 2.7 Filtres linéaires (spatiaux) passe-bas p. 38

(a) Filtre de Butterworth $n = 2$ (b) Filtre de Butterworth $n = 2$
-$\delta_c = 20\%$ taille de l'image   -$\delta_c = 5\%$ taille de l'image

Fig. 2.8 Filtres linéaires (fréquentiels) passe-bas p. 44.

(a) Filtrage par EDP de la chaleur (b) Filtrage avec le modèle de
                                           Perona-Malik

Fig. 2.9 Filtrage par EDP - p. 65.

(a) Haar -Seuillage doux - $\varepsilon = 1.5\sigma$ (b) Haar -Seuillage dur - $\varepsilon = 3\sigma$

(c) Daubechies 8 - Seuillage doux - $\varepsilon = 1.5\sigma$ (d) Daubechies 8 - Seuillage dur - $\varepsilon = 3\sigma$

Fig. 2.10 Débruitage par ondelettes - chapitre 4 - p. 83

(a) $\varepsilon = 5$ (b) $\varepsilon = 50$ (c) $\varepsilon = 100$

Fig. 2.11 Filtrage ROF - Chapitre 4 p. 71.

(a) Original bruité « poivre et sel » (b) Filtre médian - taille 3 (c) Filtre médian - taille 5

Fig. 2.12 Filtre médian pour un bruit « poivre et sel » p. 63

(a) Ouverture avec un disque de rayon 1 (b) Fermeture avec un disque de rayon 1 (c) Ouverture avec un disque de rayon 3 (d) Fermeture avec un disque de rayon 3

Fig. 2.13 Filtrage morphologique p. 150

(a) $M_1 = \gamma_1 \varphi_1$ (b) $M_2 = \gamma_2 \varphi_2 M_1$ (c) $M_3 = \gamma_3 \varphi_3 M_2$

Fig. 2.14 Filtrage morphologique : filtres alternés séquentiels - B_i est un disque de rayon $R_i = i$ (pixels)

B.3 Défloutage - Chapitres 3 et 4

(a) Image floutée   (b) Itération 5   (c) Itération 6

Fig. 2.15 Déconvolution par équation de la chaleur inverse p. 59

(a) Image floue   (b) Itération 3

Fig. 2.16 Déconvolution par algorithme de Van Cittert : h est un masque gaussien de taille 9 et d'écart-type $\sigma = 4$ (connu) p. 61

(a) Image floutée   (b) Image après déconvolution

(c) Image floutée et bruitée   (d) Image après déconvolution

Fig. 2.17 Déconvolution par filtre de Wiener d'une image floutée et d'une image floutée et bruitée - $Q = 0.1$ p. 87

(a) Image floutée   (b) Image après déconvolution - 30 itérations

Fig. 2.18 Déconvolution par la méthode de Richardson-Lucy aveugle. L'image a été floutée par un filtre gaussien de taille 15 et d'écart-type 45. La méthode a été initialisée avec un masque gaussien de taille 9 et d'écart-type 20 p. 91

(a) Image floutée et bruitée   (b) $\varepsilon = 0.1$, 100 itérations

(c) $\varepsilon = 1$, 100 itérations   (d) $\varepsilon = 10$, 50 itérations

Fig. 2.19 Filtrage ROF généralisé sur une image floutée par un masque gaussien de taille 15 et d'écart-type 45 et bruitée par un bruit additif gaussien d'écart type 15. On a utilisé l'algorithme de Chambolle-Pock avec $\sigma_0 = \tau_0 = 1/\sqrt{8}$, $\gamma = 1/\varepsilon$ p. 225

B.4 Segmentation des contours - Chapitres 3, 5 et 6

B.4.1 Filtres passe-haut, spatiaux et fréquentiels

(a) Résultat du filtre passe-bas spatial (gaussien 9x9 - $\sigma = 5$)

(b) Résultat du filtre passe-haut complémentaire du passe-bas

(c) Filtrage passe-haut (fréquentiel) avec un filtre de Butterworth p.48

Fig. 2.20 Segmentation : filtre passe-haut

B.4.2 Filtres différentiels p. 49

Fig. 2.21 Gradients de Robinson dans 3 directions différentes p. 55

(a) Noyau $[-1\ 0\ 1]$

(b) Noyau $[-1\ 0\ 1]^t$

(c) Gradient de Sobel horizontal

(d) Gradient de Sobel vertical

(e) Original

(f) Norme du gradient

Fig. 2.22 Valeur absolue des gradients et des gradients de Sobel p.53

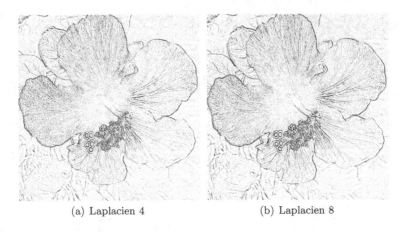

(a) Laplacien 4   (b) Laplacien 8

Fig. 2.23 Valeur absolue du laplacien p. 56

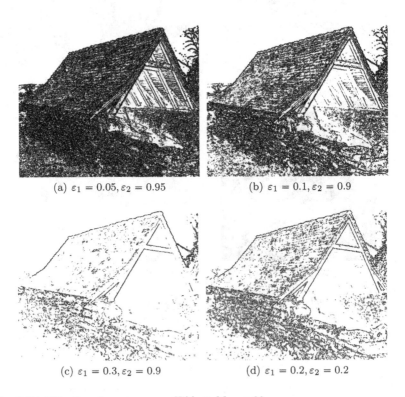

(a) $\varepsilon_1 = 0.05, \varepsilon_2 = 0.95$ (b) $\varepsilon_1 = 0.1, \varepsilon_2 = 0.9$

(c) $\varepsilon_1 = 0.3, \varepsilon_2 = 0.9$ (d) $\varepsilon_1 = 0.2, \varepsilon_2 = 0.2$

Fig. 2.24 Détection de contours par Hildrett-Marr p.99

B.4.3 Détecteur de Canny p.100

Fig. 2.25 Segmentation : détecteur de Canny

B.4.4 Méthode variationnelle de Mumford-Shah p.123

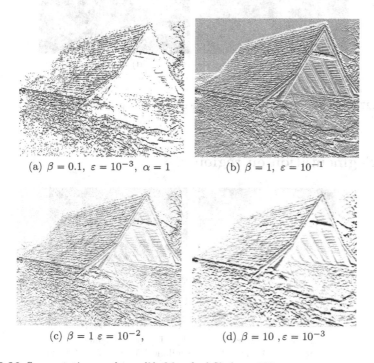

(a) $\beta = 0.1$, $\varepsilon = 10^{-3}$, $\alpha = 1$ (b) $\beta = 1$, $\varepsilon = 10^{-1}$

(c) $\beta = 1$ $\varepsilon = 10^{-2}$,   (d) $\beta = 10$, $\varepsilon = 10^{-3}$

Fig. 2.26 Segmentation par le modèle Mumford-Shah - p.123

B.4.5 Opérateurs morphologiques

(a) Original

(b) Ouverture

(c) Top-hat : résidu de l'ouverture

(d) Seuillage

Fig. 2.27 Opérateur *top-hat* avec un disque de rayon 5 - p. 149

B.5 Segmentation en régions

(a) Image segmentée - seuillage à 20, 75 et 180 (4 classes)

(b) Image segmentée - seuillage à 20, 75, 120 et 180 (5 classes)

Fig. 2.28 Segmentation par seuillage d'histogramme p. 128.

(a) Original   (b) 2 clusters

(c) 3 clusters   (d) 4 clusters

Fig. 2.29 Segmentation par K-means - p. 129.

(a) Original   (b) Tolérance 30 pixels

Fig. 2.30 Segmentation par croissance de régions - p. 131

(a) Norme du gradient de l'original (b) LPE sans gestion des points minima : sur-segmentation

(c) Gradient modifié par filtres morphologiques

(d) LPE sur l'image modifiée

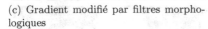

Fig. 2.31 Ligne de partage des eaux - p. 153

Littérature

1. Acar, R., Vogel, C. : Analysis of bounded variation penalty methods for ill-posed problems. Inverse Problems **10**(6), 1217–1229 (1994)

2. Adams, R. : Sobolev spaces. Academic Press, Springer Verlag (1978)

3. Alvarez, L., Guichard, F., Lions, P.L., Morel, J.M. : Axioms and fundamental equations of image processing. Arch. Rational Mechanics and Anal. **16**(9), 200–257 (1993)

4. Ambrosio, L., Fusco, N., Pallara, D. : Functions of bounded variation and free discontinuity problems. Oxford Mathematical Monographs. The Clarendon Press Oxford University Press, New York (2000)

5. Ambrosio, L., Tortorelli, V. : Approximation of functionnals depending on jumps by elliptic functionnals via gammaconvergence. Communications on Pure and Applied Mathematics **XLIII**, 999–1036 (1990)

6. Attouch, H., Buttazzo, G., Michaille, G. : Variational analysis in Sobolev and BV spaces, *MPS/SIAM Series on Optimization*, vol. 6. Society for Industrial and Applied Mathematics (SIAM), Philadelphia, PA (2006). Applications to PDEs and optimization

7. Aubert, G., Barlaud, M., Faugeras, O., Jehan-Besson, S. : Image segmentation using active contours : calculus of variations or shape gradients ? SIAM J. Appl. Math. **63**(6), 2128–2154 (2003)

8. Aubert, G., Kornprobst, P. : Mathematical Problems in Image Processing, Partial Differential Equations and the Calculus of Variations., *Applied Mathematical Sciences*, vol. 147. Springer (2006)

9. Aubert, G., Vese, L. : A variational method in image recovery. SIAM J. Numer. Anal. **34**(5), 1948–1979 (1997)

10. Aujol, J.F. : Traitement d'images par approches variationnelles et équations aux dérivées partielles. Cours de DEA. 11-16 avril 2005 , ENIT Tunis (2005). URL `http://cel.archives-ouvertes.fr/cel-00148665`

11. Aujol, J.F. : Some first-order algorithms for total variation based image restoration. J. Math. Imaging Vision **34**(3), 307–327 (2009)

12. Aujol, J.F., Aubert, G., Blanc-Féraud, L., Chambolle, A. : Image decomposition into a bounded variation component and an oscillating component. J. Math. Imaging Vision **22**(1), 71–88 (2005)

13. Azé, D. : Éléments d'analyse convexe et variationnelle. Ellipses (1997)

14. Barbu, V., Precupanu, T. : Convexity and Optimization in Banach Spaces. Sijthoff & Noordhoff, Bucarest (1978)

© Springer-Verlag Berlin Heidelberg 2015

M. Bergounioux, *Introduction au traitement mathématique des images - méthodes déterministes,* Mathématiques et Applications 76, DOI 10.1007/978-3-662-46539-4

15. Bergounioux, M. : Méthodes mathématiques pour le traitement du signal (2^{e}édition). Dunod, Paris (2014)

16. Braemer, J.M., Kerbrat, Y. : Géométrie des courbes et des surfaces. Hermann, Paris (1976)

17. Bres, S., Jolion, J.M., Lebourgeois, F. : Traitement et analyse des images numériques. Hermès Lavoisier (2003)

18. Brezis, H. : Analyse fonctionnelle. Théorie et applications. Collection Mathématiques Appliquées pour la Maîtrise. Masson, Paris (1983)

19. Buades, A., Coll, B., Morel, J. : A review of image denoising algorithms, with a new one. Multiscale Modeling and Simulation 4(2), 490–530 (2005)

20. Canny, J. : A computational approach to edge detection. IEEE Trans. Pattern Ana. and Machine Intell. 8, 679–698 (1986)

21. Carasso, A. : Linear and nonlinear image deblurring : a documented study. SIAM J. Numerical Analysis 36(6), 1659–1689 (1999)

22. Caselles, V., Catté, F., Coll, B., Dibos, F. : A geometric model for active contours in image processing. Numer. Math. 66(1), 1–31 (1993)

23. Caselles, V., Coll, B., Morel, J.M. : Topographic maps and local contrast changes in natural images. Int. J. Comp. Vision 33(1), 5–27 (1999)

24. Caselles, V., Kimmel, R., Sapiro, G. : Geodesic active contours. Int. J. Comp. Vision 1(22), 61–79 (1997)

25. Chalmont, B. : Éléments de modélisation pour l'analyse d'images, *Mathématiques et Applications*, vol. 33. Springer (2000)

26. Chambolle, A. : An algorithm for total variation minimization and applications. Journal of Mathematical Imaging and Vision 20(1-2), 89–97 (2004)

27. Chambolle, A. : Total variation minimization and a class of binary mrf models. In : EMMCVPR 05, *Lecture Notes in Computer Sciences*, vol. 3757, pp. 136–152. Springer, Berlin (2005)

28. Chambolle, A., Lions, P.L. : Image recovery via total variation minimization and related problems. Numer. Math. 76(2), 167–188 (1997)

29. Chambolle, A., Pock, T. : A first-order primal-dual algorithm for convex problems with applications to imaging. Journal of Mathematical Imaging and Vision 40(1), 120–145 (2011)

30. Chan, T., Moelich, M., Sandberg, B. : Some recent developments in variational image segmentation. In : Image processing based on partial differential equations, Math. Vis., pp. 175–210. Springer, Berlin (2007)

31. Cocquerez, J.P., Philipp, S. : Analyse d'images : filtrage et segmentation. Paris, Masson (1995)

32. Cohen, L. : On active contours models and balloons. Computer Vision, graphics and image processing : image understanding. 53(2), 211–218 (1991)

33. Combettes, P.L., R., W.V. : Signal recovery by proximal forward-backward splitting. SIAM Journal on Multiscale Model. Simul. 4(4), 1168–1200 (2005)

34. Daubechies, I. : Ten lectures on wavelets. SIAM Philadelphia, Pennsylvania (1992)

35. Dautray, R., Lions, J.L. : Analyse mathématique et calcul numérique pour les sciences et techniques, vol. 9 volumes. Masson, Paris (1987)

36. Deschamps, T., Cohen, L. : Fast extraction of minimal paths in 3d images and application to virtual endoscopy. Medical Image Analysis 5(4), 281–299 (2001)

37. Desolneux, A., Moisan, L., Morel, J.M. : From Gestalt Theory to Image Analysis, A Probabilistic Approach, *Interdisciplinarity Applied Mathematics*, vol. 34. Springer (2008)

38. Donoho, D. : Denoising by soft-thresholding. IEEE Trans. on Info. Theory **41**(3), 613–627 (1995)

39. Donoho, D., Johnstone, I. : Ideal spatial adaptation via wavelet shrinkage. Biometrika **81**(3), 425–455 (1994)

40. Donoho, D., Johnstone, I. : Adapting to unknown smoothness via wavelet shrinkage. J. of the American Statistical Association **90**(432), 1200–1224 (1995)

41. Duda, R., Hart, P. : Use of the hough transformation to detect lines and curves in pictures. Communications of the ACM **15**(1), 11–15 (1972)

42. Ekeland, I., Temam, R. : Analyse convexe et problèmes variationnels. Dunod, Paris (1973)

43. Evans, L.C., Gariepy, R.F. : Measure theory and fine properties of functions. Studies in Advanced Mathematics. CRC Press, Boca Raton, FL (1992)

44. Fish, D., Brinicombe, A., Pike, E., Walker, J. : Blind deconvolution by means of the richardson–lucy algorithm. JOSA A **12**(1), 58–65 (1995)

45. Friedman, A. : Variational Principles and Free-Boundary Problems. Wiley, New-York (1982)

46. Garnett, J.B., Le, T.M., Meyer, Y., Vese, L. : Image decompositions using bounded variation and generalized homogeneous Besov spaces. Appl. Comput. Harmon. Anal. **23**(1), 25–56 (2007)

47. Gasquet, C., Witomski, P. : Analyse de fourier et traitement du signal. Masson (1998)

48. Gaudeau, Y. : Contributions en compression d'images médicales 3d et d'images naturelles 2d. Ph.D. thesis, Université Henri Poincaré, Nancy 1 (2009). URL http://tel.archives-ouvertes.fr/tel-00121338/fr/

49. Gilles, J., Meyer, Y. : Properties of $BV - G$ structures + textures decomposition models. Application to road detection in satellite images. IEEE Trans. Image Process. **19**(11), 2793–2800 (2010)

50. Gonzales, R.C., Woods, R.E. : Digital Image Processing. Addison-Wesley Publishing Company (1993)

51. Hamerly, G., Elkan, C. : Alternatives to the k-means algorithm that find better clusterings. In : Proceedings of the eleventh international conference on Information and knowledge management (CIKM) (2002)

52. Hiriart-Urruty, J.B. : Optimisation et analyse convexe. Mathématiques. Presses Universitaires de France, Paris (1998)

53. Hough, P. : Machine analysis of bubble chamber pictures. In : Proc. Int. Conf. High Energy Accelerators and Instrumentation (1959)

54. IPOL : Image processing on line. URL http://www.ipol.im/

55. Ishwar, P., Moulin, P. : Multiple-domain image modeling and restoration. In : Proc. IEEE Intl. Conf. Image Processing, vol. 1, pp. 362–366. IEEE, Kobe, Japan (1999)

56. Kass, M., Witkin, A., Terzopoulos, D. : Snakes : active contour models. IEEE Int. Comp. Vis. Conf. **777** (1987)

57. Kimmel, R., Bruckstein, A. : On edge detection, edge integration and geometric active contours. In : Proc. Int. Symposium on Mathematical Morphology (ISMM 2002). Sydney (2002)

58. Le Guyader, C. : Imagerie mathématique : Segmentation sous contraintes géométriques. théorie et applications. Ph.D. thesis, INSA de Rouen (2004)

59. Lloyd, S.P. : Least squares quantization in pcm. IEEE Transactions on Information Theory **28**(2), 129–137 (1982)

60. Lucy, L.B. : An iterative technique for the rectification of observed distributions. Astronomical Journal **79**(6), 745–754 (1974)

61. MacKay, D. : Chapter 20. An Example Inference Task : Clustering. Information Theory, Inference and Learning Algorithms. Cambridge University Press (2003)

62. Maitre, H. : Le traitement des images. Hermès Lavoisier (2003)

63. Mallat, S. : Une exploration des signaux en ondelettes. Editions de l'École Polytechnique (2000)

64. Marr, D., Hildreth, E. : Theory of edge detection. Proceedings of the Royal Society of London,Series B, Biological Sciences **207**(1167), 187–217 (1980)

65. Masnou, S. : Filtrage et désocclusion d'images par méthodes d'ensembles de niveau. Ph.D. thesis, Université Paris IX Dauphine, France (1998)

66. Masnou, S. : Disocclusion : a variational approach using level line. IEEE Trans. on Image Proc. **11**(2), 68–76 (2002)

67. Masnou, S., Morel, J.M. : Image restoration involving connectedness. In : Proc. of the 6th Int. Workshop on Digital I.P. and Comp. Graphics, SPIE **3346**. Vienna, Austria (1998)

68. Masnou, S., Morel, J.M. : Level lines based disocclusion. In : Proc. of ICIP'98 (1998)

69. Meyer, Y. : Oscillating Patterns in Image Processing and Nonlinear Evolution Equations. University Lecture Series, Vol. 22, AMS (2001)

70. Mignotte, M. : Cours de traitement d'image URL http://www.iro.umontreal.ca/~mignotte/ift6150

71. Morel, J.M., Solimini, S. : Variational Methods in Image Segmentation. Birkhauser (1995)

72. Mumford, D., Shah, J. : Optimal approximations by piecewise smooth functions and associated variationnal problems. Communications on Pure and Applied Mathematics **XLVII**(5), 577–685 (1989)

73. Najman, L., Talbot, H. : Morphologie Mathématique 1 : approches déterministes. Hermès Lavoisier (2008)

74. Najman, L., Talbot, H. : Morphologie Mathématique 2 : estimation, choix et mise en œuvre. Hermès Lavoisier (2010)

75. Nesterov, Y. : Smooth minimization of non-smooth functions. Mathematic Programming, Ser. A **103**(1), 127–152 (2005)

76. Osher, S., Fatemi, E., Rudin, L. : Nonlinear total variation based noise removal algorithms. Physica D **60**, 259–268 (1992)

77. Osher, S., Sole, A., L., V. : Image decomposition and restoration using total variation minimization and the h^1 norm. SIAM Journal on Multiscale Modeling and Simulation **1**(3), 349–370 (2003)

78. Pallara, D., Ambrosio, L., Fusco, N. : Functions of bounded variations and free discontinuity problems. Oxford Mathematical Monograph (2000)

79. Perona, P. : Orientation diffusions. IEEE Trans. Image Processing **7**(3), 457–467 (1998)

80. Perona, P., Malik, J. : Scale-space and edge detection using anisotropic diffusion. IEEE Transactions on Pattern Analysis and Machine Intelligence **12**(7), 629–639 (1990)

81. Peyré, G. : Numerical tours URL www./numerical-tours.com

82. Richardson, W.H. : Bayesian-based iterative method of image restoration. JOSA **62**(1), 55–59 (1972)

83. Rudin, W. : Analyse réelle et complexe. Masson, Paris (1978)

84. Sainsaulieu, L. : Calcul scientifique. Sciences Sup. Dunod, Paris (2000)

85. Scherzer, O., Grasmair, M., Grossauer, H., Haltmeier, M., Lenzen, F. : Variational Methods in Imaging. Springer

86. Serra, J. : Cours de morphologie mathématique URL http://cmm.ensmp.fr/~serra/cours.htm

87. Sethian, J. : Level Set Methods and Fast Marching Methods Evolving Interfaces in Computational Geometry, Fluid Mechanics, Computer Vision, and Materials Science. Cambridge Monograph on Applied and Computational Mathematics, 7th ed. Cambridge University Press (2006)

88. Tadmor, E., Nezzar, S., Vese, L. : A multiscale image representation using hierarchical (BV, L^2) decompositions. Multiscale Model. Simul. **2**(4), 554–579 (electronic) (2004)

89. Tikhonov, A.N., Arsenin, V.Y. : Solutions of ill-posed problems. V. H. Winston & Sons, Washington, D.C. : John Wiley & Sons, New York (1977). Translated from the Russian, Preface by translation editor Fritz John, Scripta Series in Mathematics

90. Tisserand, E., Pautex, J.F., Schweitzer, P. : Analyse et traitement des signaux. Dunod, Paris (2004)

91. Trémeau, A., Fernandez-Maloigne, C., Bonton, P. : Image numérique couleur : De l'acquisistion au traitement. Dunod (2004)

92. Tsitsiklis, J.N. : Efficient algorithms for globally optimal trajectories. IEEE Transactions on Automatic Control **40**(9), 1528–1538 (1995)

93. Vese, L., Chan, T.F. : A multiphase level set framework for image segmentation using the mumford and shah model. International Journal of Computer Vision **50**(3), 271–293 (2002)

94. Vogel, C.R., Oman, M.E. : Iterative methods for total variation denoising. SIAM J. Sci. Comput. **17**(1), 227–238 (1996). Special issue on iterative methods in numerical linear algebra (Breckenridge, CO, 1994)

95. WaveLab : URL http://www-stat.stanford.edu/~wavelab/

96. Weiss, P., Aubert, G., Blanc Féraud, L. : Efficient schemes for total variation minimization under constraints in image processing. SIAM Journal on Scientific Computing **31**(3), 2047–2080 (2009)

97. Yin, W., Goldarb, D., Osher, S. : A comparison of three total variation based texture extraction models. J. Vis. Commun. Image Representation **18**(3), 240 –252 (2007)

98. Ziemer, W. : Weakly Differentiable Functions - Sobolev Space and Functions of Bounded Variation. Indiana University (1989)

Index

© Springer-Verlag Berlin Heidelberg 2015
M. Bergounioux, *Introduction au traitement mathématique des
images - méthodes déterministes,* Mathématiques et Applications 76,
DOI 10.1007/978-3-662-46539-4